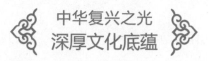

璀璨瑰丽珍宝

杨宏伟 主编

汕头大学出版社

图书在版编目（CIP）数据

璀璨瑰丽珍宝 / 杨宏伟主编. -- 汕头：汕头大学
出版社，2016.1（2020.6重印）
　（深厚文化底蕴）
　ISBN 978-7-5658-2403-6

　Ⅰ. ①璀… Ⅱ. ①杨… Ⅲ. ①宝石－介绍－中国
Ⅳ. ①TS933

中国版本图书馆CIP数据核字(2016)第015410号

璀璨瑰丽珍宝　　　　　CUICAN GUILI ZHENBAO

主　　编：杨宏伟
责任编辑：任　维
责任技编：黄东生
封面设计：大华文苑
出版发行：汕头大学出版社
　　　　　广东省汕头市大学路243号汕头大学校园内　邮政编码：515063
电　　话：0754-82904613
印　　刷：北京中振源印务有限公司
开　　本：690mm×960mm　1/16
印　　张：8
字　　数：98千字
版　　次：2016年1月第1版
印　　次：2020年6月第3次印刷
定　　价：32.00元
ISBN 978-7-5658-2403-6

前　言

　　党的十八大报告指出："把生态文明建设放在突出地位，融入经济建设、政治建设、文化建设、社会建设各方面和全过程，努力建设美丽中国，实现中华民族永续发展。"

　　可见，美丽中国，是环境之美、时代之美、生活之美、社会之美、百姓之美的总和。生态文明与美丽中国紧密相连，建设美丽中国，其核心就是要按照生态文明要求，通过生态、经济、政治、文化以及社会建设，实现生态良好、经济繁荣、政治和谐以及人民幸福。

　　悠久的中华文明历史，从来就蕴含着深刻的发展智慧，其中一个重要特征就是强调人与自然的和谐统一，就是把我们人类看作自然世界的和谐组成部分。在新的时期，我们提出尊重自然、顺应自然、保护自然，这是对中华文明的大力弘扬，我们要用勤劳智慧的双手建设美丽中国，实现我们民族永续发展的中国梦想。

　　因此，美丽中国不仅表现在江山如此多娇方面，更表现在丰富的大美文化内涵方面。中华大地孕育了中华文化，中华文化是中华大地之魂，二者完美地结合，铸就了真正的美丽中国。中华文化源远流长，滚滚黄河、滔滔长江，是最直接的源头。这两大文化浪涛经过千百年冲刷洗礼和不断交流、融合以及沉淀，最终形成了求同存异、兼收并蓄的最辉煌最灿烂的中华文明。

五千年来，薪火相传，一脉相承，伟大的中华文化是世界上唯一绵延不绝而从没中断的古老文化，并始终充满了生机与活力，其根本的原因在于具有强大的包容性和广博性，并充分展现了顽强的生命力和神奇的文化奇观。中华文化的力量，已经深深熔铸到我们的生命力、创造力和凝聚力中，是我们民族的基因。中华民族的精神，也已深深植根于绵延数千年的优秀文化传统之中，是我们的根和魂。

　　中国文化博大精深，是中华各族人民五千年来创造、传承下来的物质文明和精神文明的总和，其内容包罗万象，浩若星汉，具有很强文化纵深，蕴含丰富宝藏。传承和弘扬优秀民族文化传统，保护民族文化遗产，建设更加优秀的新的中华文化，这是建设美丽中国的根本。

　　总之，要建设美丽的中国，实现中华文化伟大复兴，首先要站在传统文化前沿，薪火相传，一脉相承，宏扬和发展五千年来优秀的、光明的、先进的、科学的、文明的和自豪的文化，融合古今中外一切文化精华，构建具有中国特色的现代民族文化，向世界和未来展示中华民族的文化力量、文化价值与文化风采，让美丽中国更加辉煌出彩。

　　为此，在有关部门和专家指导下，我们收集整理了大量古今资料和最新研究成果，特别编撰了本套大型丛书。主要包括万里锦绣河山、悠久文明历史、独特地域风采、深厚建筑古蕴、名胜古迹奇观、珍贵物宝天华、博大精深汉语、千秋辉煌美术、绝美歌舞戏剧、淳朴民风习俗等，充分显示了美丽中国的中华民族厚重文化底蕴和强大民族凝聚力，具有极强系统性、广博性和规模性。

　　本套丛书唯美展现，美不胜收，语言通俗，图文并茂，形象直观，古风古雅，具有很强可读性、欣赏性和知识性，能够让广大读者全面感受到美丽中国丰富内涵的方方面面，能够增强民族自尊心和文化自豪感，并能很好继承和弘扬中华文化，创造未来中国特色的先进民族文化，引领中华民族走向伟大复兴，实现建设美丽中国的伟大梦想。

目 录

天然宝石

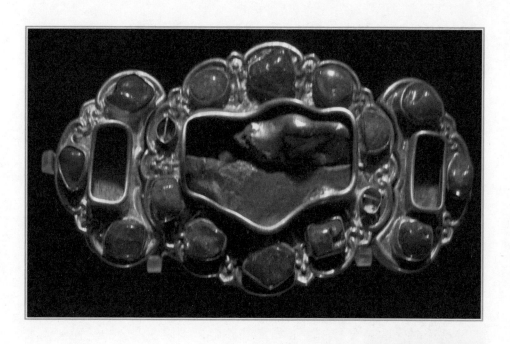

天然宝石

　　我国是世界上最早饰用宝石的古老国家之一，可追溯到新石器时代的早期。育玉品石是中华文化的重要组成之一，也是世界文化的重要组成部分。

　　我国也是世界上重要的宝石产地之一，宝石资源较为丰富，宝石种类繁多，并且有几千年开采和利用的历史。在众多宝石中，最为贵重的是钻石。

　　除此之外，我国其他天然宝石也较丰富，主要有红宝石、蓝宝石、祖母绿、绿松石、碧玺、雨花石、翡翠、孔雀石、水晶、青金石、玛瑙、猫眼石等品种，各自不仅具有珍贵的价值，还蕴含着深刻的文化内涵。

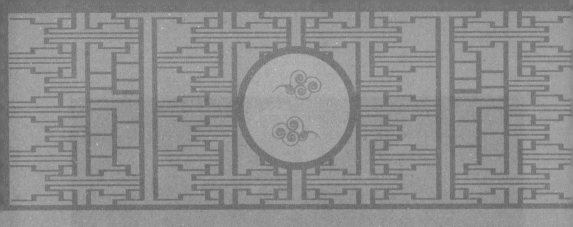

宝石之王——钻石

远古时代的黄金开采主要靠淘洗砂金，人们在淘金的过程中偶尔发现了其中杂有一些闪光的石子，这些石子无论怎样淘洗都不磨损，这就是金刚石，也就是人们所说的钻石。

金刚之名，初见佛经，取义与金有关。《大藏法数》称："跋折罗，华言金刚，此宝出于金中。"金刚的含义是坚固、锐利，能摧毁一切。

文化是人类独特的标志，钻石具有独特的标志意义。自古以来，钻石一直被人类视为权力、威严、地位和富贵的象征。其坚不可摧、攻无不克、坚贞永恒和坚毅阳刚的品质，是人类永远追求的目标。它具有潜在的、巨大的文化价值。

在古老的传说中，钻石被认为是天神降临时洒下的天水形成的，而钻石在梵文里是雷电的意思，所以人们又觉得钻石是由雷电所产生的，古人大多数人觉得钻石是陨落的星星的碎片，更有一部分人觉得那是天神的泪滴。

传说钻石的前世是一位勇猛无比的国王，他不仅出身纯洁，其平生所作所为光明磊落。当他在上帝的祭坛上焚身后，他的骨头便变成了一颗颗钻石的种子。

众神均前来劫夺，他们在匆忙逃走时从天上洒落下一些种子，这些种子就是蕴藏在高山、森林、江河中的坚硬、透明的金刚石。

我国的钻石文化历史悠久，如4件良渚文化和三星村文化发现的高度抛光的可以照出人影来的刚玉石斧，表明4000年前的古人很可能已经使用了金刚石粉末来加工这些刚玉斧头。而其中最早的记载见于公

元前1005年，在古代为我国玉雕文化的发展起到过重要作用。

据说，早在公元前 300年前，在皇帝的御座上就有钻石镶嵌。钻石晶莹剔透、高雅脱俗，象征着纯洁真实、忠诚勇敢、沉着冷静、安静自如、稳如泰山。从那时起，人们把钻石看成是高尚品质的标志。

早在春秋时期老子所著《道德经》中，就有了关于钻石的文字记载，称"金刚"，文中说："金刚者不可损也……"

我国最早关于钻石的器物，如《列子·汤问》提到一种镶嵌有金刚石的辊铬之剑，和汉代"十洲记"提到的切玉刀也都镶有钻石。

切玉刀据说是天下最锋利的宝刃，也称"昆吾刀"。晋张华《博物志》记载："《周书》曰：西域献火浣布，昆吾氏献切玉刀。火浣布污则烧之则洁，刀切玉如臘。"

自汉以后，我国古书多有钻石的记载。《南史·西夷传》中说，"呵罗单国于南北朝宋文帝无嘉七年，遣使献金刚指环"。

南朝学者刘道荟著的《晋起居注》第一次阐述了金刚石与黄金的关系，该书记载：

咸宁三年，敦煌上送金刚石，生金中，百淘不消，可以切玉。

就是说，金刚石出自黄金，来自印度，可以切玉，怎么淘洗都不会削减，或者说怎么使用都不会磨损。这段记载不仅表明金刚石在古代为我国玉雕文化发展起到过重要作用，而且还包含了关于古代人类是如何发现金刚石的科学思想。

钻石作为首饰是唐玄奘取经后，通过丝绸之路传入我国的。

宋代陆游《忆山南》诗之二："打球骏马千金买，切玉名刀万里来。"

金元代好问《赠嵩山侍者学诗》诗："诗为禅客添花锦，禅为诗家切玉刀。"

钻石还有一名字叫"金刚钻"，最早出现在唐玄宗李隆基撰《唐六典》记载：

赤麖皮、瑟瑟、赤畦、琥珀、白玉、金刚钻……大鹏砂出波斯及凉州。

明代包括李时珍在内的一些学者在研究金刚石时发现，金刚石不但可切割玉石，还能在玉器或瓷器上钻眼。如据《本草纲目》记载："金刚石砂可钻玉补瓷，故谓之钻。"

约在清代末年，金刚石就逐渐被称为钻石了，其词义显然来自上述的"金刚钻"，两者在内涵和外延方面是相等的，即"金刚石"与"钻石"在含义上是一样的。

清朝道光年间，湖南西部农民在沅水流域淘金时先后在桃源、常德、黔阳一带发现了钻石。

与钻石相关的，有一个流传很久的蛇谷的故事。传说在一个山谷中，满地都是钻石，但是凡人是不可能轻易取到钻石的，因为有很多的巨蟒在守护着，就连看到巨蟒的目光都会死掉，更别说是取钻了。

有一个很有智慧的国王成功地取得了钻石，他利用镜子反光的原理让巨蟒都死在了自己的目光里。又把一些带着血腥的羊肉丢向山谷的钻

石上，那样利用秃鹰捕食的时候抓住钻石飞向山顶的机会将秃鹰杀死，取得钻石。

与此类似的，在我国信仰伊斯兰教的民族中，流传着一个辛巴达以肉喂鸟，借鸟取钻的故事：

辛巴达一个人本来过着

神仙生活，但是他突然想去凡间走走，想体会一下凡人的世界，乘船任随风浪把他漂到了一个美丽的岛上。

当他走向溪谷的时候，看见了满地都是钻石，但是要想安全路过甚至拿钻石没有那么容易，因为有很多巨蟒守候着。

这时候他学着曾经听过的"蛇谷"故事中的办法，把自己裹在肉块里面，在正午时分秃鹰就会抓起这块肉，也就等于带领辛巴达到达了安全的地带。

他就是借用了采钻者的方法。采钻者会把一些牲畜的肉撕烂从山顶洒在钻石上，那样秃鹰就会抓起沾满血腥的钻石飞回山顶，那样，采钻者这时候就可以吓走秃鹰得到钻石。

在古代，金刚石的磨工只有极少数工匠才能掌握。不同地区的各个工匠磨出的钻石各式各样，差别很大。所以磨好的很多成品并不完全理想。

至清代，钻石多被应用于王宫贵族的首饰中。钻石首饰基本分为耳饰、颈饰、手饰、足饰和服饰5个大类。

耳饰包括耳钉、耳环、耳线、耳坠。项饰包括项链、吊坠、项圈。手饰包括戒指、手镯、手链。足饰包括脚链、脚环。服饰专指服装上的饰物，包括领花、领带夹、胸饰、袖扣。

如翡翠钻石珠链及耳坠一对，白色金属镶嵌，配镶钻石，粒径0.13

厘米，链长43.1厘米，钻石与翡翠、白金交相辉映，殊为华贵。

再如，翡翠镶钻石珠链，共用钻石3.8克拉，翡翠珠径仅0.35厘米至0.58厘米，翠色浓艳，钻色星光闪烁，精美异常。

而比较流行的戒指款式有翡翠卜方钻石戒指、翡翠蛋面钻石戒指、翡翠蟾蜍钻石戒指、翡翠卜方钻石及彩色钻石戒指等。

知识点滴

我国利用金刚石的历史非常悠久，但我国使用现代探矿手段和方法真正开始大规模寻找和开采金刚石的历史只有100年左右。

我国的金刚石探明储量和产量均居世界第十名左右，年产量20万克拉。我国于1965年先后在贵州省和山东省找到了金伯利岩和钻石原生矿床。

1971年，在辽宁省瓦房店找到了钻石原生矿床。目前仍在开采的两个钻石原生矿床分布于辽宁省瓦房店和山东省蒙阴地区。钻石砂矿则见于湖南省沅江流域，西藏、广西以及跨苏皖两省的郯庐断裂等地。

辽宁省瓦房店、山东省蒙阴、湖南省沅江流域钻石都是金伯利岩型，但湖南省尚未找到原生矿。其中辽宁省的钻石质量好，山东省的个头较大。

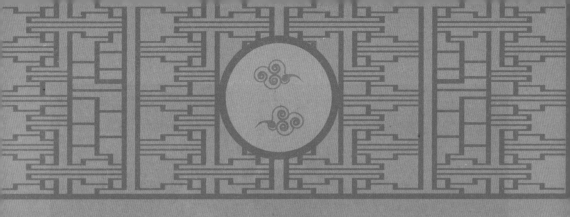

玫瑰石玉——红宝石

红宝石是一种名副其实的贵宝石，是指颜色呈红色、粉红色的刚玉，它是刚玉的一种，又被称为玫瑰紫宝石，可见这种宝石的红色和玫瑰的红色有很大关系。

红宝石质地坚硬，硬度仅在钻石之下。而且这种血红色的红宝石最受人们珍爱，俗称"鸽血红"，这种几乎可称为深红色的、鲜艳的强烈色彩，更把红宝石的真面目表露得一览无余。它象征着高尚、爱情和仁爱。

相传，古代的武士在作战之前，有时会在身上割开一个小口，将一粒红宝石嵌入口内，他们认为这样可以达到刀枪不入的目的。

同时，由于红宝石

弥漫着一股强烈的生气和浓艳的色彩，以前的人们认为它是不死鸟的化身，对其产生了热烈的幻想。而且传说左手戴一枚红宝石戒指或左胸戴一枚红宝石胸针就有化敌为友的魔力。

我国《后汉书·西南夷传》就有对红宝石的记载："永昌郡博南县有光珠穴，出光珠。珠有黄珠、白珠、青珠、碧珠。"当时称其为"光珠"，表明在东汉时期就已辨识红、蓝宝石了。

而《后汉书·东夷列传》中称红宝石为"赤玉"，据记载，东汉时期，"扶余国，在玄菟北千里。南与高句丽、东与挹娄、西与鲜卑接，北有弱水。地方两千里，本濊地也……出名马、赤玉、貂豽，大珠如酸枣。"

扶余的起源地位于松花江流域中心，辽宁昌图县、吉林洮南县以北直至黑龙江省双城县以南，都是其国土，国运长达800年。

《后汉书·东夷列传》还记载："挹娄，古肃慎之国也。在夫馀东北千余里，东濒大海，南与北沃沮接，不知其北所极。地多山险，人形似夫余，而言语各异。有五谷、麻布，出赤玉、好貂。"

这里的"挹娄"是肃慎族系继"肃慎"称号后使用的第二个族称，从西汉至晋前后延续600余年，至公元5世纪后，改号"勿吉"。

在秦汉时期，挹娄的活动区域在辽宁东北部和吉林、黑龙江两省东半部及黑龙江以北、乌苏里江以东的广大地区内。南北朝时，挹娄势力开始衰落。

《汉武帝内传》中描述红宝石称"火玉"："戴九云夜光之冠，曳六出火玉之佩。"

唐人苏鹗在《杜阳杂编》中对"火玉"有着详尽的描述，而且这段描述颇具文学性：

> 武宗皇帝会昌元年，夫余国贡火玉三斗及松风石。火玉色赤，长半寸，上尖下圆。光照数十步，积之可以燃鼎，置之室内则不复挟纩，才人常用煎澄明酒。

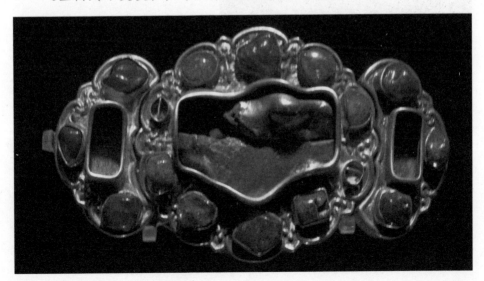

"半寸"约是所贡火玉宝物的最大尺寸，这样的尺寸，带红皮的软玉、红玛瑙、红色石榴石或是黑曜石可以轻易超过。

形状为"上尖下圆"，表明具备良好的结晶形态，所以不可能是没有单晶形态的带红皮的软玉、红玛瑙或黑曜石，也不可能是圆珠或近似圆珠形状的红色石榴石，只能是红宝石。

"火玉三斗"表示至少有好几百枚，说明当时该种宝石的开采量不小。

"光照数十步"说明该宝物具备比较突出的反光能力，但也不排除有夸张的成分。"积之可以燃鼎，置之室内则不复挟纩，才人常用煎澄明酒"，就是说可以用它来煮饭、取暖、酿酒，这些都是对该种宝石赤红似火颜色的一种形象化的比喻和想象而已。

《旧唐书》记载："渤海本粟末靺鞨，东穷海西、契丹，万岁通天中，度辽水，后乃建国。地方五千里，尽得扶余、沃沮、卞韩、朝鲜、海北诸地。"

这里是说，古代的扶余在唐以后成为粟末靺鞨的一部。而粟末靺鞨就是粟末水靺鞨，居住于松花江流域。粟末靺鞨与居住在今黑龙江流域的黑水靺鞨，在我国史书上统一称作"靺鞨"。

而在靺鞨居住地域，就盛产一种红色宝石，而且就以靺鞨族名命名。《本草纲目》中

说"宝石红者，宋人谓之靺鞨"；《丹铅总录》中也说"大如巨栗，中国谓之'靺鞨'"。

宋代高似孙《纬略》引唐代《唐宝记》记载："红靺鞨大如巨栗，赤烂若朱樱，视之如不可触，触之甚坚不可破。"

内蒙古自治区通辽奈曼旗的辽代陈国公主墓中，发现了大量镶嵌素面红宝石的饰品。内蒙古自治区阿尔山玫瑰峰也发现有辽代贵族墓葬的素面红宝石。这些发现说明：至少从辽代起，东北地区的红宝石就已得到开发。

明清两代，红、蓝宝石大量用于宫廷首饰，民间佩戴者也逐渐增多。著名的明代定陵发掘中，得到了大量的优质红、蓝宝石饰品。

清代著名的国宝金嵌珠宝金瓯永固杯上，镶有9枚红宝石。"金瓯永固"杯是皇帝每年元旦子时举行开笔仪式时的专用酒杯。夔龙状鼎耳，象鼻状鼎足，杯体满錾宝相花，并以珍珠、红宝石为花心。杯体一面錾刻"金瓯永固"4字。

慈禧太后极喜爱红宝石，其后冠上有石榴瓣大小的红宝石。她死后，殉葬品中有红宝石朝珠一对，红宝石佛27尊，红宝石杏60枚，红

宝石枣40枚，其他各种形状的红、蓝宝石首饰与小雕件3790件。

清代亲王与大臣等官衔以顶戴宝石种类区分。其中亲王与一品官为红宝石，蓝宝石是三品官的顶戴标记。

一种传说认为，戴红宝石首饰的人会健康长寿、爱情美满、家庭和谐、发财致富；另一种传说认为左胸佩戴一枚红宝石胸饰或左手戴一枚红宝石戒指可以逢凶化吉、变敌为友。

山东省昌乐县发现一颗红、蓝宝石连生体，重67.5克拉，被称为"鸳鸯宝石"，称得上是世界罕见的奇迹。另外，在黑龙江省东部牡丹江流域的穆棱和宁安两地的残积坡积砂矿中发现有红宝石和蓝宝石，其中的红宝石呈现紫红、玫瑰红、粉红等颜色，质地明净，透明度良好，呈不规则块状，最大的超过一克拉。

知识点滴

2000年，红色石榴石矿在玫瑰峰附近的哈拉哈河上游地区被发现。

2001年，中科院地质与地球物理研究所的刘嘉麒院士与他带领的火山科考队来此开启了阿尔山火山科学宝库和相关红宝石矿床研究的大门。

哈拉哈河发源于阿尔山市的摩天岭北坡，属于黑龙江上游的额尔古纳河水系，但在地理位置上与嫩江流域完全接壤，与古代扶余国、挹娄国出产火玉的地理位置基本一致。

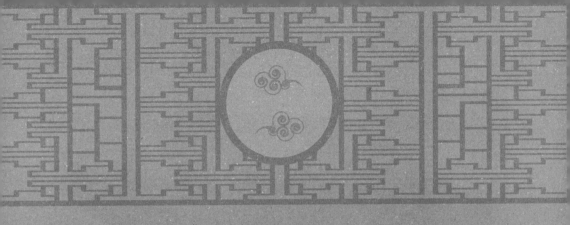

六射星光——蓝宝石

古人曾说，大地就坐在一块鲜艳靓丽的碧蓝宝石上面，而蔚蓝的天空就是一面镜子，是蓝宝石的反光将天空映成蓝色。相传蓝宝石是太阳神的圣石，因为通透的深蓝色而得到"天国圣石"的美称。

蓝宝石也有许多传奇式的赞美传说，据说它能保护国王和君主免

受伤害和妒忌。在我国古代传说中，把蓝宝石看作指路石，可以保护佩戴者不迷失方向，并且还会交好运，甚至在宝石脱手后仍是如此。

蓝宝石与红宝石有"姊妹宝石"之称，颜色极为丰富，因为除了红宝石外，其他颜色的宝石可以统称为蓝宝石，因此蓝宝石包括有橘红、绿、粉红、黄、紫、褐甚至无色的刚玉，但以纯蓝色的级别最高。

蓝宝石还有人类灵魂宝石之称，它的颜色非常纯净、漂亮，给人一种尊贵、高雅之感，是蓝颜色宝石之王。

蓝宝石一直以深邃，凝重著称。早在公元前1000年，人们认为蓝宝石象征诚实、纯洁和道德，颜色最好的蓝宝石被称作"矢车菊蓝"。

蓝宝石喻义情意深厚的恋人，与传说中古爱神的神话有关，热恋中双方有一方变心时，蓝宝石的光泽就会消失，直至下一对感情深厚相亲相爱的恋人出现，它的光泽才会浮现。所以蓝宝石也是真挚爱情的象征。

蓝宝石使人有一种轻快的感觉，它有展现出体贴和沉稳之美，将它镶成戒指佩戴，能够抑制疗养心灵的创痛，平稳浮躁的心境。

因此在民间广为流传，蓝宝石因这无穷的诱惑力成为人类最为喜爱的宝石之一。蓝宝石首饰，也是人类最为广泛的首饰，无论是在东方还是西方都受到人类的喜爱。

蓝宝石中以星光蓝宝石最为著名，星光蓝宝石是由于内部生长有大量细微的丝绢状包裹体金红石，而包裹体对光的反射作用，导致打磨成弧面形的宝石顶部会呈现出6道星芒而得名。

因内部有内涵物制造出了星光，但是也因此降低了宝石的透明度，所以星光蓝宝石通常是半透明至透明的。优质星光蓝宝石的6道星线是完整透明的，其交汇点位于宝石中央，随着光线的转动而移动。

蓝宝石也是到了清代才得到了广泛的应用。

如清宫金累丝嵌宝石八宝，紫檀雕花海棠式座，座面金胎海水纹。座上起柱，柱正面嵌红宝石、蓝宝石或猫眼石各两块，两边饰嵌绿松石卷叶。

柱上托椭圆形束腰仰覆莲，莲瓣纹地上嵌红珊瑚、青金石飞蝠，绿松石团寿图案；莲花束腰周圈嵌红宝石、蓝宝石、猫眼石、碧玺等。

莲花中心起方柱，每柱上立一宝，周身嵌宝石。八宝顶端均为嵌宝石、松石火焰。

婴戏图即描绘儿童游戏时的画作，又称"戏婴图"，是我国人物画的一种。因为以小孩为主要绘画对象，以表现童真为主要目的，所以画面丰富，形态有趣。

儿童在嬉戏中表现出的生动活泼的姿态，专注喜悦的表情，稚拙可爱的模样，不只让人心生怜爱，更能感受到童稚世界的无忧无虑。

如清代海蓝宝石婴戏图鼻烟壶，连碧玺盖高7厘米。

婴戏中的儿童姿态多样，动作夸张，画面多呈热闹愉悦的气氛。

清代蓝宝石带扣，长4.7厘米，宽2.25厘米，厚0.15厘米，带扣多由铜制，更高级的以金银制或玉制，蓝宝石殊为珍贵，以其制带扣极为少见。

清代银鎏金镶嵌蓝宝石手链，长度18厘米，重量40.6克。

清代蓝宝石蛋形大戒指面，长1.5厘米，宽1.2厘米，厚0.6厘米，重约2.6克，此品保存良好，包浆入骨，蛋形。

簪子这种传统饰物，颇具东方古典神韵，挽簪的女子带着夏季的清凉、摇曳的风情，不由得让人想起李白《经离乱后天恩流夜郎亿旧游书怀赠江夏韦太守良宰》中"清水出芙蓉，天然去雕饰"的诗句。

另外还有南朝乐府民歌《西洲曲》中描述的江南采莲女，"采莲南塘秋，莲花过人头，低头弄莲子，莲子清如水！"

簪子是东方妇女梳各种发髻必不可少的首饰。通常妇女喜欢在发髻上插饰金、银、珠玉、玛瑙、珊瑚等名贵材料制成的大挖耳子簪、小挖耳子簪、珠花簪、压鬓簪、凤头簪、龙头簪等。簪子的种类虽然繁多，但在选择时还要根据每个人的条件和身份来定。

比如，在清朝，努尔哈赤的福晋和诸贝勒的福晋、格格们，使用制作发饰的最好材料首选为东珠。200年后渐渐被南珠，即合浦之珠所取代。

与珍珠相提并论的还有金、玉等为上乘材料，另外镀金、银或铜制，也有宝石翡翠、珊瑚象牙等，做成各种簪环首饰，装饰在发髻之上，这若是同进关以后相比，就显得简单得多了。

如清代蓝宝石雕坠簪子，高14厘米，珠直径1.2厘米，在畸形珠左边饰一蓝宝石雕琢的宝瓶，瓶口插几枝细细的红珊瑚枝衬托着一个"安"，在当时蓝宝石稀少的情况下，极为罕见。

清代以来，由于受到汉族妇女头饰的影响，满族妇女，特别是宫廷贵妇的簪环首饰，就越发的讲究了。

如1751年，乾隆皇帝为其母办60岁大寿时，在恭进的寿礼中，仅各种簪子的名称就让人瞠目结舌，如事事如意簪、梅英采胜簪、景福长绵簪、日永琴书簪、日月升恒万寿簪、仁风普扇簪、万年吉庆簪、方壶集瑞边鬓花、瑶池清供边花、西池献寿簪、万年嵩祝簪、天保磬宜簪、卿云拥福簪、绿雪含芳簪……

这些发簪无论在用料上，还是在制作上，无疑都是精益求精的上品。

后妃们头上戴满了珠宝首饰，发簪却是其中的佼佼者。因而清代后妃戴簪多用金翠珠宝为质地，制作工艺上也十分讲究，往往是用一整块翡翠、珊瑚、水晶或象牙制出簪头和针梃连为一体的簪最为珍贵。

还有金质底上镶嵌各种珍珠宝石的头簪，多是簪头与针梃两部分组合在一起的，但仍不失其富丽华贵之感。

慈禧还爱美成癖，一生喜欢艳丽服饰，尤其偏爱红宝石、红珊瑚、翡翠等质地的牡丹簪、蝴蝶簪。她还下旨令造办处赶打一批银制、灰白玉、沉香木等头簪。

慈禧太后的殉葬品中有各种形状的红、蓝宝石首饰与小雕件3790件，其中68克拉的大粒蓝宝石18粒，17克拉左右的蓝宝石更是为数众多。

知识点滴

我国蓝宝石发现于东部沿海一带的玄武岩的许多蓝宝石矿床中。其中以山东昌乐蓝宝石质量最佳。晶体呈六方桶状，粒径较大，一般在一厘米以上，最大的可达数千克拉。蓝宝石因含铁量高，多呈近于炭黑色的靛蓝色、蓝色、绿色和黄色，以靛蓝色为主。宝石级蓝宝石中包裹体极少，除见黑色固态包体之外，尚可见指纹状包体体。蓝宝石中平直色带明显，大的晶体外缘可见平行六方柱面的生长线。山东蓝宝石因内部缺陷少，属优质蓝宝石。此外，黑龙江省、海南省和福建省产的蓝宝石。颜色鲜艳，呈透明的蓝色、淡蓝色、灰蓝色、淡绿色、玫瑰红色等，不含或少含包体，不经改色即可应用。

江苏省产的蓝宝石。色美透明，多呈蓝色、淡蓝色、绿色。但在喷出地表时，火山的喷发力较强，故蓝宝石晶体常沿轴面裂开，呈薄板状，故取料较难。

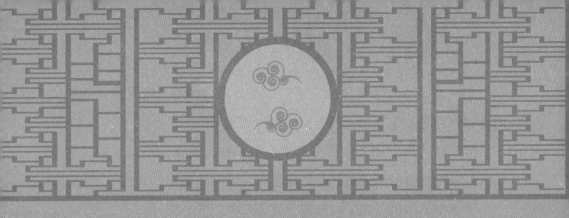

宝石奇葩——祖母绿

祖母绿被称为"绿宝石之王"，是相当贵重的宝石，其颜色浓艳，纯正而美丽，是其他绿色宝石都无法与之相比的。因其特有的绿色和独特的魅力，以及神奇的传说，从它被发现之日即深受人们的喜爱。

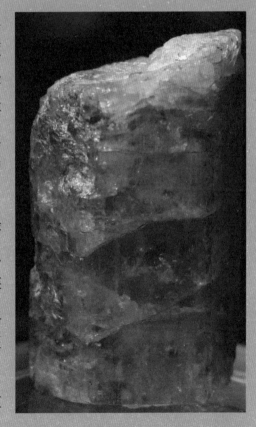

一般说，好翠是艳绿、鲜绿等色调。而祖母绿则稍许深暗点儿，色调不带"倾向"，透明深邃，以青翠悦目的色调备受世人喜爱，被誉为五月诞生石，象征仁慈、信心、善良和永恒。

祖母绿很难找得到无瑕的宝

石。实际上，可以说祖母绿宝石中一定多少有裂缝及内含物，其裂缝内含物种类之多之复杂，甚至被爱称为"花园"。

祖母绿的历史和其他许多珍贵宝石一样，久远而丰富多彩，传说耶稣最后晚餐时所用的圣杯就是用祖母绿雕制成的。

《圣经》中也提到了祖母绿，其《所罗门歌》称：

耶路撒冷的妇儿们，这是我的所爱，这是我的朋友！他的双手如同绿宝石装饰的金环。

据历史记载，早在6000多年前，市场上就有祖母绿出售。当时古巴比伦的妇女们特别喜欢佩用祖母绿饰物，被称为"绿色的石头"和"发光的石头"，还有人把它献于神话中的女神像前。

我国古代的祖母绿是从波斯经"丝绸之路"传入的，汉语的祖母绿一词也是由波斯语翻译过来的。

元代陶宗仪的《辍耕录》中的"助木剌"，即指祖母绿。

"祖母绿"之译法，最早见于明永乐年间，与郑和同下西洋的巩珍《西洋番国志》记载："忽鲁谟厥国"条："其处诸番宝物皆有，如祖母碧、祖母绿……"

与巩珍、郑和同下西洋的马欢所著《瀛涯胜揽》中《忽鲁谟斯国》记载："此处各番宝货皆有，更有祖母碧、祖母喇。"

后在王实甫的《西厢记》中开始被译为祖母绿，并由此固定下来，后世相延。

明代冯梦龙《警世通言》中"杜十娘怒沉百宝箱"，其百宝箱中就有祖母绿这种珍贵宝石：

杜十娘又命李甲打开第三只抽屉，箱内皆是荧光玉润的珍珠、钻石，无法估价，杜十娘拿出一串夜明玉珠，孙富早已惊呼："不要扔了，不要扔了，这是千两银子也买不到的呀！"

杜十娘拉过李甲仔细看过："若将此珠献给你家母亲大人，她可会拉我到身边，叫我一声'儿媳'！"

李甲顿足痛哭，悔恨交加，杜十娘又将珍珠抛入江内。再开抽屉，又是满满的一屉猫儿眼、祖母绿等奇珍异宝，李甲抱住十娘双腿，痛哭流涕："十娘有此宝物，事情即可挽回！"

另外，《明史·食贷志》中也有记载："世宗时，猫儿眼，祖母绿，无所不购。"

明嘉靖期间，胡侍《墅谈》中《祖母绿》记载："祖母绿，即元

人所谓助木剌也，出回回地面，其色深绿，其价极贵。"

弘治间宋诩《宋氏家规部》称祖母绿为"锁目绿"。

明、清两代帝王尤喜祖母绿。明朝皇帝把它视为同金绿猫眼一样珍贵，有"礼冠需猫睛、祖母绿"之说。明万历帝的玉带上镶有一特大祖母绿，明代十三陵的定陵发现大量宝石中也有不少是祖母绿。

清代王朝的遗物中不乏珍贵的祖母绿宝石，如清代中期制成的"穿珠梅花"盆景中就装饰有3颗祖母绿及其他宝石300多颗。

该盆景全称为"银镀金累丝长方盆穿珠梅花盆景"，清造办处造，通高42厘米，盆高19.3厘米，盆径24厘米至18.5厘米。

银镀金累丝长方形盆，盆口沿垂嵌米珠如意头形边，每个小如意头中又嵌红宝石。盆壁累丝地上饰烧蓝花叶纹和各式开光，烧蓝花叶上又嵌以翡翠、碧玺、红宝石做的果实、花卉等图案，开光内则以极细小的米珠、珊瑚珠和祖母绿等宝石珠编串成各式花卉图案。

盆上以珊瑚、天竹、梅花组成"齐眉祝寿"之致，银累丝点翠的山子上满嵌红、蓝、黄等各色宝石。山子后植蓝梅树、珊瑚树和天竹，梅树上以大珍珠、红宝石、蓝宝石穿成梅花，天竹为缠金丝干，点翠叶，顶端结红珊瑚珠果，纤秀华丽。此盆景镂金错玉，穿珠垒银，遍铺宝石，特别是一树梅花珠光宝气，共用大珍珠64颗，红蓝宝石216颗，精雕细作，鬼斧神工，令人目眩。

清代人还能通过识别祖母绿的瑕疵，并据此对真假祖母绿进行鉴定，如《清秘藏》就提出："祖母绿，一名助木绿，以内有蜻蜓翅光者算。"这蜻蜓翅即为后来所说的祖母绿的包裹体。

《博物要览》也明确提出祖母绿"中有兔毫纹"者始为真品。如清宫祖母绿宝石，高1.26厘米，长1.9厘米，宽1.4厘米，重26.48克拉。祖母绿宝石翠绿色，玻璃光泽，采用阶式变型切磨技术成形。

清朝末期，慈禧太后死后所盖的金丝锦被上除镶有大量珍珠和其他宝石外，也有两颗各重约5钱的祖母绿，可谓是祖母绿中的珍品。

祖母绿往往与传奇乃至迷信的色彩联系在一起，所构成的祖母绿文化同样既丰富又迷人。祖母绿被人类发现开始，便被视为具有特殊的功能，它能驱鬼避邪，还可用来治疗许多疾病，如解毒退热，解除眼睛疲劳等。而恋人们则认为它具有揭示被爱者忠诚与否的魔力。它是一种具有魔力的宝石，它能显示："立下誓约的恋人是否保持真诚。恋人忠诚如昔，它就像春天的绿叶。要是情人变心，树叶也就枯萎凋零。"更神奇的是，据说祖母绿可使修行者具有预见能力，持有者在受骗时，祖母绿会改变颜色，发出危险的信号。总之，在祖母绿身上，往往弥漫着神秘的色彩，令人心动神往。

知识点滴

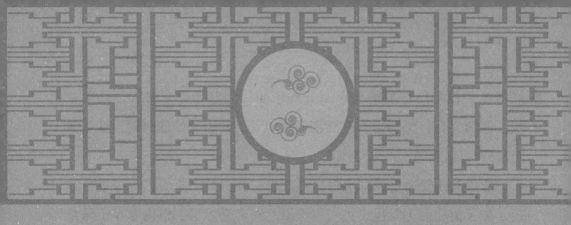

宝石之祖——绿松石

　　我国早在旧石器时期，人们就开始利用石质装饰物来美化自己的生活。新石器中晚期，出现了大量的石质工具、玉器和宝玉石工艺品，如用岫玉、绿松石等制成珠、环、坠、镯等。

　　绿松石简称"松石"，因其形似松球而且色近松绿而得名，而且绿松石颜色有差异，多呈天蓝色、淡蓝色、绿蓝色、绿色。

　　绿松石质地不很均匀，颜色有深有浅，甚至含浅色条纹、斑点以及褐黑色的铁线。致密程度也有较大差别，孔隙多者疏松，少则致密坚硬。抛光后具柔和的玻璃光泽至蜡状光泽。

　　绿松石犹如上釉的瓷器为最优。如有不规则的铁线，则其品质就较

差了。白色绿松石的价值较之蓝、绿色的要低。在块体中有铁质"黑线"的称为"铁线绿松石"。

如在河南省郑州大河村距今6500年至4000年的仰韶文化遗址中，就有两枚绿松石鱼形饰物。

甘肃省临夏回族自治州广河县齐家文化遗址发现有嵌绿松石兽面玉璜，长36.6厘米，高6.7厘米，厚0.8厘米。玉料呈黛绿色，由和田墨玉制成，单面琢孔，璜呈弯月形，以减地手法镶嵌绿松石，留底构成兽面之轮廓。

上镶两圆绿松石为目，眼眶为璜之留底。山字形留底为嘴之外形，内镶不规则方形绿松石。四边留底为边框，孔为单面开孔，因长期佩戴孔已磨损为斜孔。此玉璜上镶嵌之绿松石彼此间可谓严丝合缝，这样的工艺真是令人匪夷所思。

产自湖北省鄂西北的绿松石，古称"荆州石"或"襄阳甸子"。湖北绿松石产量大，质量优。

如云盖山上的绿松石以山顶的云盖寺命名为"云盖寺绿松石"，是世界著名的我国松石雕刻艺术品的原石产地。此外。江苏、云南等地也发现有绿松石。

河南省偃师二里头为我国夏代都城所在地，在这里发现有绿松石龙形器，由2000余片绿松石片组合而成，每片绿松石的大小仅有0.2厘米至0.9厘米，厚度仅0.1厘米左右。

另外还有嵌绿松石铜牌饰、青铜错金嵌绿松石獏尊等。也均为夏朝时期的绿松石重要器物。如夏代嵌绿松石饕餮纹牌饰，通高16.5厘米，宽11厘米，盾牌形。它是先铸好牌形框架，然后有数百枚方圆或不规则的绿松石粘嵌成突目兽面。

这件牌饰位于死者胸前，很可能是一件佩戴饰品。是发现最早也

是最精美的镶嵌铜器，可以说它的发现开创了镶嵌铜器的先河。

商代妇好墓中发现有嵌绿松石象牙杯，杯身用中空的象牙根段制成，因料造型，颇具匠心。侈口薄唇，中腰微束，切地处略小于口。

通体分段雕刻精细

的饕餮纹及变形夔纹，并嵌以绿松石，做头上尾下的夔形，加饰兽面和兽头，也嵌以绿松石，有上下对称的小圆榫将其与杯身连接。

形制和体积略同的嵌绿松石象牙杯共有两件。高30.5厘米，用象牙根段制成，形似现侈口薄唇，中腰微束。杯身一侧有与杯身等高的夔龙形把手，雕刻精细的花纹而且具有相当的装饰性，上下边口为两条素地宽边，中间由绿松石的条带间隔。

戈是商周兵器中最常见的一种，古称"钩兵"，是用于钩杀的兵器。其长度根据攻守的需要而不同，所谓"攻国之兵令人欲短，守国之兵欲长"。

如商代嵌绿松石兽面纹戈，长40厘米，戈的援宽大而刃长，锋较尖，末端正背两面皆以绿松石镶嵌兽面纹；胡垂直，而且短；内呈弧形，上有一圆穿，末端正背两面皆浅刻兽面纹。

陕西省宝鸡市南郊益门村有两座春秋早期古墓，其中一座墓发现了大批金器、玉器、铁器、铜器，还有一些玛瑙、绿松石串饰。

其中绿松石串饰一组，共40件，均为自然石块状，不见明显加工痕迹，大小形状不一，均有钻孔。颜色比较均匀，娇艳柔媚，质地细腻、柔和，有斑点以及褐黑色的铁线，以翠绿、青绿色为主，间有墨绿色斑。最大者长3.8厘米，宽2.9厘米；最小者长0.7厘米，宽0.6厘米。

另外，河南省汲县山彪镇发现的战国早期嵌绿松石云纹方豆，盖上为捉手，面做四方形。足扁平。通体饰云纹，杂嵌绿松石。汲县山彪镇为魏国墓地。还有发现于长清岗辛战国墓的一件铜丝镶绿松石盖豆，通高27.5厘米，口径18.5厘米。为礼器。

半球形盘，柄上粗下细，下承扁圆形足。盘上有覆钵形盖，盖上有扁平捉手，却置即为盘足。通体饰红铜丝与绿松石镶嵌而成的几何勾连雷纹。

带钩，是古代贵族和文人武士所系腰带的挂钩，带扣是和带钩相合使用的，多用青铜铸造，也有用黄金、玉等制成的。工艺技术相当考究。

有的除雕镂花纹外，还镶嵌绿松石，有的在铜或银上鎏金，有的在铜、铁上错金嵌银，即金银工艺。带钩起源于西周，战国至秦汉广为流行。魏晋南北朝时逐渐消失。

如湖南省长沙发现的战国金嵌绿松石铜带钩，长17.5厘米，宽0.2厘米。为腰带配件。钩身扁长，钩颈窄瘦，鸭形首。背部饰云纹金，镶嵌绿松石。

秦汉时的墓中，开始发现有各种镇墓兽随葬，而且其中有些就镶嵌着绿松石。这种怪兽是青铜雕塑的神话中动物形象，为龙首、虎颈、虎身、虎尾、龟足，造型生动。

如镶绿松石怪兽，高0.48米，身上镶嵌有绿松石，并有浮雕凤鸟纹、龙纹、涡纹等图案。怪兽头上长有多枝利角，口吐长舌，面目可怖。在主体怪兽脊背上有一方座，座上支撑又一小型怪兽，小型怪兽口衔一龙，龙昂首，做挣扎状。

唐代是我国铜镜发展最为繁盛的时期，上面也经常用绿松石加以点缀，使铜镜更显精美。

如唐代镶绿松石螺钿折枝花铜镜，直径20.5厘米，圆形，素缘，圆钮，钮外用螺钿饰有一圈联珠纹，整体图案用螺钿雕刻成折枝花样镶嵌于镜背之上，中间镶嵌有绿松石。镜面大，图案饱满，工艺精湛，为难得一见的唐代螺钿纹铜镜。

至明代，绿松石被广泛应用于各种首饰用品之上，如南京太平门外板仓徐辅夫人墓发现的正德十二年（公元1517年）嵌绿松石花形金簪，长11.5厘米，簪首直径3.8厘米。金质。簪针呈圆形。

簪顶作花形，用金丝绕出6个花瓣，中间有一圆形金托，金托周围以金丝做出花蕊，托内嵌一绿松石。

清代时期，我国称绿松石为天国宝石，视为吉祥幸福的圣物，经常镶嵌于各种日常器物上。如清中期铜鎏金嵌绿松石缠枝西番莲纹香熏，高17厘米，香熏通体以贴金丝为地，嵌绿松石、珊瑚组成图案。

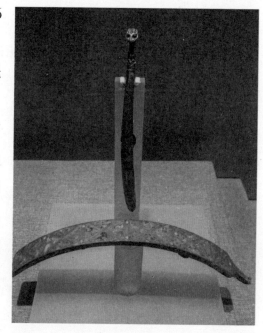

　　自口沿至胫部分别以缠枝花卉纹、莲瓣纹、缠枝西番莲纹、如意纹等装饰，两兽耳鎏金。盖部透雕缠枝花卉纹，盖纽镂雕云蝠图案。全器纹饰华丽，颜色绚丽夺目，工艺精湛，为清代宫廷用器。

　　清代鼻烟开始流行，各种鼻烟壶也应运而生，其中就多有用珍贵的绿松石制成的。如清代绿松石山石花卉鼻烟壶，通高6厘米，腹宽4.8厘米。烟壶为绿松石质地，通体为蓝绿色，间有铁线斑纹。扁圆形，扁腹两面琢阴线山石花卉，并在阴线内填金。烟壶配有浅粉色芙蓉石盖，内附牙匙。

　　嘎乌是清代的宗教用具，"嘎乌"为藏语音译，多指挂在项上的或背挎式的佛盒饰物。嘎乌内大多装有佛像、护法神像或护身符。实为随身携带的佛龛。

　　嘎乌的质地有金质、银质、铜质等金属嘎乌，也有木质的。

　　如乾隆金嵌绿松石嘎乌，又称"佛窝"，通高13.5厘米，厚度3.2厘米。是一件用纯金镶嵌绿松石、青金石的嘎乌，内装有一尊密宗佛

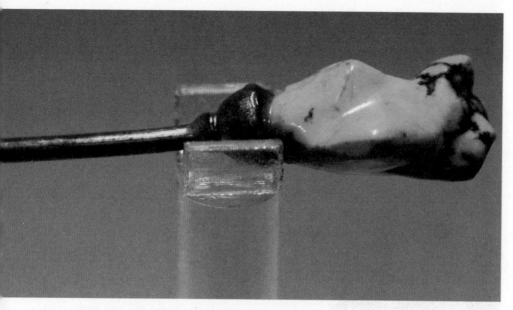

像。龛盒上用錾刻工艺饰有精美的花纹等。

在古代人们把它与宗教联系在一起。西藏对绿松石格外崇敬，蒙藏地区喜欢把绿松石镶嵌在配刀、帽子、衣服上，是神圣的装饰用品，用于宗教仪式。

优质绿松石主要用于制作弧面形戒面、胸饰、耳饰等。质量一般者，则用于制作各种款式的项链、手链、服饰等。

块度大者用于雕刻工艺品，多表现善与美的内容，如佛像、仙人、仙鹤、仙女、山水亭榭、花鸟虫鱼、人物走兽等。

自古以来，绿松石就在西藏占有重要的地位。它被用于第一个藏王的王冠，用作神坛供品以及藏王向居于高位的僧人赠送的礼品及向邻国贡献的贡品，古代拉萨贵族所佩戴的珠宝中，金和绿松石是主要的材料。

许多藏人颈脖上都戴有或系上一块被视为灵魂的绿松石的项链。一个古老的传说记叙了绿松石和灵魂之间的关系：根据天意，藏王的

臣民不许将任何一块绿松石丢进河里，因为那样做灵魂也许会离开他的躯体而使之身亡。

绿松石也常被填嵌在金、银、铜器上，其颜色相互辉映，美丽且富有民族特色。藏族和蒙古族同胞尤其喜爱镶嵌绿松石的宝刀、佩饰等。

另外，许多藏人都将绿松石用于日常发饰。游牧妇女将她们的头发梳成108瓣，瓣上饰以绿松石和珊瑚。对藏南的已婚妇女来说，秀发上的绿松石珠串是必不可少的，它表达了对丈夫长寿的祝愿，而头发上不戴任何绿松石被认为是对丈夫的不敬。

蓝色被视为吉利，并把许多特别的权力归因于这一蓝色或带蓝色的宝石。而且，绿松石碎屑除可以做颜料外，藏医还将绿松石用作药品、护身符等圣品。

大多数藏族妇女还将绿松石串珠与其他贵重物品如珊瑚、琥珀、珍珠等一起制成的项链。

有的妇女以戴一颗边上配两颗珊瑚珠的长7厘米的绿松石块为荣。戴上这一件珠宝，对外出经商的丈夫来说，意味着身家安全。

男性的饰物则比较简化，通常用几颗绿松石珠子与珊瑚串在一起围在脖子上，或在耳垂上用线系上一颗绿松石珠。

在喜马拉雅地区西部，绿松石和其他一些贵重物件被直接缝在女人的衣裙或儿童的帽上。有时整个外衣的前襟都装饰上金属片、贝壳、各种材料的珠子、扣子和绿松石。据说孩子帽上的绿松石饰物还有保护孩子灵魂的作用。

同时，一些西藏同胞相信戴一只镶绿松石的戒指可保佑旅途平安。梦见绿松石意味着吉祥和新生活的开始。戴在身上的绿松石变成绿色是肝病的征兆，也有人说这显示了绿松石吸出黄疸病毒的功能。

护身符容器在当时的西藏更成为一种重要的珠宝玉器。每一个藏民都有一个或几个这种容器来装宗教的书面文契。从居于高位的僧人衣服上裁下的布片或袖珍宗教像等保护性物件。

这种容器可以是平纹布袋，但更多的是雕刻精巧的金银盒，而且很少不带绿松石装饰。

有时居中放一块大小适当的绿松石，有时将许多无瑕绿松石与钻石、金红石和祖母绿独到地排列在黄金祖传物件上。

特别值得一提的是，在拉萨地区和西藏中部，流行一种特殊类型的护身器：在菩萨像及供奉此像之地的曼荼罗形盒，上有金银的两个交叉方形，通常在整个盒上都镶饰有绿松石。

西藏的任何一件珠宝玉器都可能含有绿松石。金、银或青铜和白铜戒指上镶绿松石是很常见的。有一种很特别的戒指呈典型的鞍形，通常很大，

藏族男人将它戴在手上或头发上，女人则喜欢小戒指。

不管是哪个西藏群体，女人还是男人，都喜爱耳垂。女人的耳垂成对穿戴，而男人只在左耳戴一只耳垂。拉萨的贵族戴的耳垂令人望而生畏，一种用金、绿松石和珍珠制成的大型耳垂一直从耳边拖到胸部。

西藏中部的妇女在隆重场合戴的一种花形耳饰，整个表面都布有绿松石。称之为"耳盾"也许更合适，因这些耳饰被小心地安置在耳前，并结在头发上或发网上。其他还有许多饰物都装饰有绿松石，如带垂和链子、奶桶钩、围裙钩、胸饰、背饰、发饰和金属花环等。

知识点滴

在我国各民族中，绿松石用得最多的，要数藏族人民。

基本上每个藏民都拥有某种形式的绿松石。在西藏高原上，人们认识绿松石由来已久。

西藏文化特征是明显的，从诸多方面显现了其辉煌的成就，至今仍燃烧着不灭的火焰。绿松石，作为这一文化特征的一部分，对西藏人来说是一种希望，不可避免的变化仍将给西藏绿松石的魂与美留下一席之地。

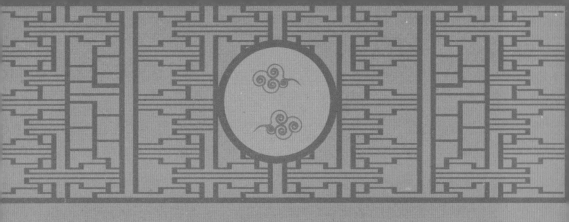

色彩之王——碧玺

　　碧玺拥有自然界单晶宝石中最丰富的色彩，可称为"色彩之王"，自古以来深受人们喜爱，被誉为"十月生辰石"。

　　碧玺在我国备受推崇，碧玺在古籍《石雅》中出现时有许多称谓，文中称：

　　　碧亚么之名，中国载籍，未详所自出。清会典图云：妃嫔顶用碧亚么。滇海虞衡志称：碧霞碧一曰碧霞玭，一曰碧洗；玉纪又做碧霞希。今世人但称碧亚，或作璧碧，然已

无问其名之所由来者，惟为异域方言，则无疑耳。

而在之后的历代记载中，也可找到称为"砒硒""碧玺""碧霞希""碎邪金"等之称呼。

相传，谁如果能够找到彩虹的落脚点，就能够找到永恒的幸福和财富，彩虹虽然常有，却总也找不到它的起始点。

1500年，一支勘探队发现一种宝石，闪耀着七彩霓光，像是彩虹从天上射向地心，沐浴在彩虹下的平凡石子在沿途中获取了世间所囊括的各种色彩，被洗练得晶莹剔透。

不是所有的石子都如此幸运，这藏在彩虹落脚处的宝石，被后人称为"璧玺"，也被誉为"落入人间的彩虹"。

1703年的一天，海边有几个小孩玩着航海者从远方带回的碧玺，惊讶地发现这些石头除在阳光底下能放射出奇异色彩外，还有一种能吸引或排斥轻物体如灰尘或草屑的力量，因此，将碧玺叫作"吸灰石"。

碧玺的碧是代表绿色，"玺"是帝王的象征，可见碧玺作为宝石的称谓可能源于皇家。

碧玺谐音"避邪"，寓意吉利，在我国清代皇宫中，存有较多的碧玺饰物。

碧玺的颜色有数种，其中最享盛名的是双桃红，红得极为浓艳；其次是单桃红，稍次于双桃红。桃红色是各种玺中身价最高者；其他还有深红色、紫红色、浅

红色、粉红色等。

红色碧玺是粉红至红色碧玺的总称。红色是碧玺中价值最高的，其中以紫红色和玫瑰红色最佳，有红碧玺之称，在我国有"孩儿面"的叫法。但自然界以棕褐、褐红、深红色等产出的较多，色调变化较大。

绿色碧玺，黄绿至深绿以及蓝绿、棕色碧玺的总称，显得很富贵、精神。其通灵无瑕、较为鲜艳者，甚至可与祖母绿混淆。

蓝色碧玺为浅蓝色至深蓝色碧玺的总称。

多色碧玺，常在一个晶体上出现红色、绿色的两色色带或三色色带；色带也可依Z轴为中心由里向外形成色环，内红外绿者称为"西瓜碧玺"。

另外从外观上看，还有碧玺猫眼，石中含有大量平行排列的纤维状、管状包体时，磨制成弧面形宝石时可显示猫眼效应，被称为"碧玺猫眼"。

变色碧玺为变色明显的碧玺，但罕见。

在清代，碧玺是一品和二品官员的顶戴花翎的材料之一，也用来制作他们佩戴的朝珠。

碧玺也是清朝慈禧太后的最爱，如有一枚硕大的桃红色碧玺

带扣称之为清代碧玺中极品，带扣为银累丝托上嵌粉红色碧玺制成，此碧玺透明而且体积硕大，局部有棉绺纹。

银托累丝双钱纹环环相套，背后银托上刻有小珠文"万寿无疆""寿命永昌"，旁有"鸿兴""足纹"戳记，中间为细累丝绳纹双"寿"与双"福"，此碧玺长5.5厘米，最宽5.2厘米，碧玺中当属透明且桃红为珍品，在清朝时期更显珍贵。

据记载，慈禧太后的殉葬品中，有一朵用碧玺雕琢而成的莲花，重量为36.8两，约5092克以及西瓜碧玺做成的枕头。

由于碧玺性较脆，在雕琢打磨过程中容易产生裂隙，因此，自古以来能成形大颗的碧玺收藏品非常难得。

知识点滴

据说碧玺还素有旺夫石之称，妇女佩戴碧玺可增强其与家人的和谐关系，理智处理家庭事务，与古人相夫教子的理想女性形象相呼应。固有旺夫之说，尤其是藏银莲花心经碧玺，其旺夫效果更佳。

由于碧玺的颜色多而鲜艳，所以可以很轻易的使人有一种开心喜悦及崇尚自由的感觉，并且可以开拓人们的心胸及视野。

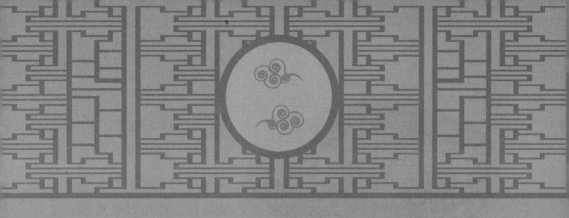

石中皇后——雨花石

　　雨花石也称"文石""幸运石"，主要产于江苏省南京及江苏省仪征月塘一带。以其色彩斑斓、玉质天章、小巧玲珑、纹理奇妙、包罗万象、诗情画意著称于世，被誉为"天赐国宝"。

　　300万年前，喜马拉雅山脉强烈隆起，长江流域的西部进一步抬升，由唐古拉山各拉丹冬雪岭冰川因日照、风化、水流融化作用而形成的冰融水，从涓涓细流，千涧百溪，最终汇成汹涌波涛，冲出青藏高原，切开巫山绝壁，使东西古长江相互贯通。

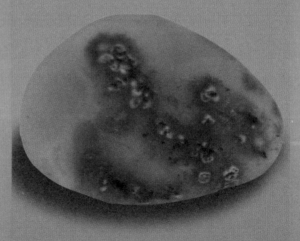

　　从此长江犹如一条银龙，咆哮翻滚，拍打着悬崖峭壁，冲击着崎岖乱石，历经6300千米，一

路向东海奔来。而在这过程中，鱼龙混杂，泥沙俱下，至下游平坦地带南京段，便逐渐淤积下来，形成雨花台砾石层，雨花石便是其中之一员。

如南京的夏代遗址中，就发现76枚天然花石子，即雨花石，分别被随葬在许多墓葬中，每个墓中放两三枚雨花石子不等，有的雨花石子放在死者口中。

据说夏代造璇宫，其所用石子是雨花玛瑙，雨花石用之于美化环境，这是第一次。这是已知关于雨花石文化的最早实证，证明在新石器晚期的夏商时代，雨花石已经被当作珠宝而珍藏。

继夏代之后雨花石在春秋时代已作为贡品进入宫廷。我国著名的思想家、教育家、儒家学说的创始人孔子所著的《尚书·禹贡》记载："扬州贡瑶琨。"据描述瑶琨似玉而非玉，晶莹剔透，可能即为后世所称的"雨花石"，是最早关于雨花石的描述。

秦王朝一统天下，南京地区属楚地，所产雨花石自然在秦王朝搜求之列，燕赵之收藏、韩魏之经营、齐楚之精英，"鼎铛玉石、金块珠砾"，其中玉石、珠砾，必有由楚地而来者。楚之美石，雨花石自然为其一例。

自南北朝以来，文人雅士寄情山水，笑傲烟霞，至唐宋时期达到巅峰，神奇的雨花石更是成为石中珍品，有"石中皇后"之称，深受人们的喜爱和珍藏，其文化历史可谓源远流长。

关于雨花石的来历，在南北朝时有一个美丽的传说：

相传在南朝梁代，有位法号叫云光的和尚，他每到一处开讲佛法时，听众都寥寥无几。看到这种情况没有好转的迹象，云光开始有点泄气了。

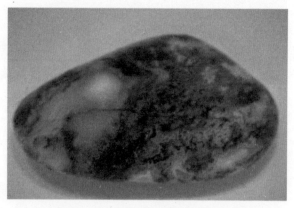

有一天傍晚，讲解完佛经的云光正坐在路边叹息时，遇到了一个讨饭的老婆婆。

老婆婆吃完云光法师给她的干粮后，从破布袋里拿出一双麻鞋来送给云光，叫他穿着去四处传法。并告诉他鞋在哪里烂掉，他就可以在那里安顿下来长期开坛讲经。老太太说完就不见了。

云光不知走了多少地方，脚上的麻鞋总穿不烂。直至他来到了南京城的石岗子，麻鞋突然烂了。从此他就听信老婆婆之言在石岗上广结善缘，开讲佛经。一开始听的人还不多，讲了一段时间后，信众就

越来越多了。

有一天，他宣讲佛经时很投入，一时感动了天神，天空中飘飘扬扬下起了五颜六色的雨。奇怪的是这些雨滴一落到地上，就变成了一枚枚晶莹圆润的小石子，石子上还有五彩斑斓的花纹。

由于这些小石子是天上落下的雨滴所化，人们就称之为"雨花石"。而从此云光讲经的石岗子也就被称为"雨花台"。

当时雨花石中的名品如"龙衔宝盖承朝日"，该石粉红色，如丹霞映海，妙在石上有二龙飞腾，龙为绿色，而且上覆红云，顶端呈白色若玉山，红云之中尚有金阳喷薄欲出状。

再如，"平章宅里一阑花"，该石五彩斑斓，石上有太湖石一峰，洞穴玲珑，穴中映出花叶，上缀红牡丹数朵，花叶神形兼备。

而雨花名石"黄石公"则呈椭圆形，黄白相间，石之一端生出一个"公"字，笔画如书，似北魏造像始平公的"公"字，方笔倒行。

此后历代，都把雨花石当作观赏宝石或镶嵌于各种器物，增加其美感。

唐人苏鹗《杜阳杂编》记载有南齐潘淑妃"九玉钗"，上刻九鸾皆九色，石上天然镌有"玉儿"两字，玉儿为潘妃小名，工巧妙丽，天然生成。

唐懿宗女儿同昌公主出嫁时作为陪嫁品伴随，从南齐至晚唐数百年时间辗转收藏，可知收藏雨花石在南北朝时即有，并一直影响至唐代。

爱雨花石成癖，陈朝也不示弱，曾将顽石封为三品，唐人爱石之风向士大夫阶层扩散，唐代李白、杜甫、王维等人诗文，均有咏石之作。南宋出现了杜绾所著的我国第一部石谱《云林石谱》，上面曾说：

江宁府江水中有碎石，谓之螺子，凡有五色。大抵全如六合县灵岩及他处所产玛瑙无异，纹理莹莹，石面望之透明，温润可喜。

这是最早记述雨花石的石谱。

南宋末年，大收藏家周密也记载了他喜爱雨花石的经过，对于雨花石珍品水胆雨花空青石作了最早的描述："经三寸许，撼之其中，有声汩汩然，盖中虚有在内故也。"由此可见，在南宋雨花石已经成为人们眼中的奇珍而被关注。

明太祖朱元璋60岁寿辰时，宠孙朱允炆在盘子中用雨花石拼成"万寿无疆"4个大字，连同

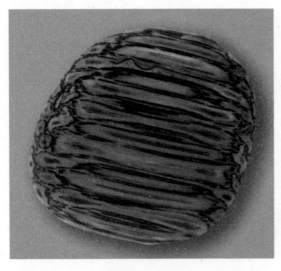

一个酷似寿桃的雨花石，作为祝寿之礼和盘托出，皇亲国戚、文武百官无不称奇，使朱元璋龙颜大悦。

朱允炆称帝后，对雨花石仍情有独钟，内宫案头，时有雨花石供品。

明代书法家米万钟，字友石，又字仲诏，自号石隐庵居士。米万钟为宋代大书法家米芾后裔，一生好石，尤擅书画，晚明时与董其昌有"南董北米"之称。

米万钟于1595年考中进士，次年任六合知县。米万钟对五彩缤纷的雨花石叹为奇观，于是悬高价索取精妙。当地百姓投其所好争相献石，一时间多有奇石汇于米万钟之手。

米万钟所收藏的雨花石贮满了大大小小各种容器。常于"衙斋孤赏，自品题，终日不倦"。其中绝佳宝石有"庐山瀑布""藻荇纵横""万斛珠玑""三山半落青天外""门对寒流雪满山"等美名。并请吴文仲画作《灵岩石图》，胥子勉写序成文《灵山石子图说》。

米万钟对雨花石的鉴赏与宣传，贡献良多。米万钟爱石，有"石痴"之称。他一生走过许多地方，向以收藏精致小巧奇石著称。

其后，林有麟对雨花石的研究也很有成就，所著《素圆石谱》精选35枚悉心绘制成图，一一题以佳名。林有麟在素园建有"玄池馆"专供藏石，将江南三吴各种地貌的奇石都收集置于馆中，时常赏玩。

朋友何士抑送给林有麟雨花石若干枚，他将其置于"青莲舫"

中，反复赏玩，还逐一绘画图形、品铭题咏，附在《素园石谱》之末，以"青莲绮石"命名之。

雨花石名真正脱颖而出是在明末清初，徐荣以《雨花石》为题写了一首七律诗；张岱在《雨花石铭》一文中称："大父收藏雨花石，自余祖、余叔及余，积三代而得13枚……"

再后，姜二酉也是热心收藏雨花石的大家。姜二酉本名姜绍书，明末清初藏书家、学者，字二酉，号晏如居士。

随着中外交流日益频繁，明代已经能够经常见到西洋的人了，于是姜二酉所藏雨花石也有起名如"西方美人"，此石长1.5寸，宽0.8寸，色草黄椭圆形而扁。上有西洋美女首形，头戴帽一顶，两肩如削，下束修裙，细腰美颊，丰胸凹腹，体态轻盈，人形全为黑色。

再如，雨花石精品"暗香疏影"，石为圆形，质地嫩黄，温润淡雅，上有绿色枝条斜生石面，枝上粉红花

纹绕之，鲜润艳丽，如同一树梅花，颇具诗意。

还有神秘色彩的雨花"太极图"，该石为球状，黑白分明，界为曲形，成为一幅极规范的太极图。

姜绍书之祖养讷公，是石云孙之甥，曾与石云到古旧物市场，见一圆石莹润精彩，摇一下听声好似空心，石云以为是璞玉，买回后请人剖开。一看里面是一幅天成太极图，黑白分明，阴阳互位，边缘还环绕着如霞般的红线。

而取名"云翔白鹤"的雨花石，则石质淡灰如云，云端中跃然一只白鹤，其翱翔神态栩栩如生。

另外，极具生活情趣的"松鼠葡萄"，石做腰子形，色酱黄，中有黑色松鼠一只，翘着尾巴，正在吃一串葡萄。

"梅兰竹菊"为4枚雨花石，梅石疏影横斜；兰石幽芳吐馥；竹石抱虚传翠；菊石傲霜迎风。四石各具其妙。

不可再得的"猫鸟双栖"石，上部有二鸟栖于枝头，下有双猫相对而伏，神采奕奕。

神奇孤品"老龟雏鹅"，此石黑质白章，一面为伸颈老龟之大像，一面是一只天真的小鹅雏。

清代《西游记》小说与京剧开始流传，所以有的雨花石就命名为"悟空庞"，色如豇豆，上有一元宝形曲线且凸出石表面，在曲线正中偏上处恰又生出两个平列的小白圈，圈内仍是豇豆红色，极似京剧舞台上的孙悟空脸谱。

清乾隆帝在位61年，曾6次南巡，南京乃必到之地。以雨花台为题的诗便有5首，如《雨花台口号》"戏题雨花台"等；在莫愁湖畔的景观石上刻有他"顽石莫嗤形貌丑，娲皇曾用补天功"的诗句。

乾隆皇帝十分珍爱的有4枚雨花石。其中一枚龙首毕现，出神入化，令人称奇，名为"真龙天子"。

清末雨花石收藏大家河北雍阳人王猩囚，世称猩翁。他写就《雨花石子记》，科学地提出雨花石因长江而形成的观点，并就雨花石的质、形、色、纹、定名、玩赏、品级、交易等进行全面论述，读来令人耳目一新，受益匪浅。

知识点滴

仙女化身——翡翠

　　翡翠颜色美丽典雅，深深符合我国传统文化的精华，是古典灵韵的象征，巧妙别致之间给人的是一种难忘的美，是一种来自文化深处的柔和气息，是一种历史的沉淀、美丽的沉积。

　　古老相传，翡翠是仙女精灵的化身，被人称为"翡翠娘娘"。据说翡翠仙女下凡后，生在我国风景秀美的云南大理的一个中医世家，

天生丽质，乐施于人。

一个偶然的机会，缅甸王子被她那美丽的容貌迷住了，于是用重金聘娶翡翠仙女。

自从翡翠仙女嫁给了缅甸王子成为"翡翠娘娘"后，她为缅甸的穷苦劳动人民做了许许多多的好事，为他们驱魔治病解除痛苦，还经常教穷人唱歌、跳舞。

然而，"翡翠娘娘"的所作所为却违反了当时缅甸的皇家礼教。国王非常震怒，将"翡翠娘娘"贬到缅甸北部密支那山区。

"翡翠娘娘"的足迹几乎踏遍了那里的高山大川，走到哪里就为哪里的穷人问医治病。

后来"翡翠娘娘"病逝在密支那，她的灵魂化作了美丽的玉石之王"翡翠"。于是，在缅甸北部山区，凡是"翡翠娘娘"生前到过的高山大川都留下了美丽的翡翠宝石。

翡翠之美在于晶莹剔透中的灵秀，在于满目翠绿中的生机，在于水波浩渺中的润泽，在于洁净无瑕中的纯美，在于含蓄内敛中的气质，在于品德操行中的风骨，在于含英咀华中的精髓，美自天然，脱胎精工，灵韵具在，万世和谐。

翡翠宝石通常被用来制作女子的手镯。手镯的雏形始于新石器时代，第一功效是武器，然后才有装饰作用。东周战国时期的手镯

于后世手镯区别不大，称为"环"或"瑗"，汉代为"条脱"或"跳脱"，至明代初年仍有人使用这个名字，"手镯"一词是明代才出现的。

在我国古代，玉乃是国之重器，祭天的玉璧、祀地的玉琮、礼天地四方的圭、璋、琥、璜都有严格的规定。

玉玺则是国家和王权之象征，从秦朝开始，皇帝采用以玉为玺的制度，一直沿袭至清朝。

汉代佩玉中有驱邪三宝，即玉翁仲、玉刚卯、玉司南佩，传世品多有出现。

汉代翡翠中"宜子孙"铭文玉璧、圆雕玉辟邪等作品，都是祥瑞翡翠。唐宋时期翡翠某些初露端倪的吉祥图案，尤其是玉雕童子和花鸟图案的广泛出现，为以后吉祥类玉雕的盛行铺垫了基础。

辽、金、元时期各地出土的各种龟莲题材的玉雕制品就是雕龟于莲叶之上。在明代，尤其是后期，在翡翠雕琢上，往往采用一种"图必有意，意必吉祥"的图案纹饰。

清代翡翠吉祥图案有仙人、佛像、动物、植物，有的还点缀着禄、寿福、吉祥、双喜等文字。

清代翡翠中吉祥类图案的大量出现、流行，实际上从一个侧面体现了当时社会人们希望借助于翡翠来祝福他人、保佑自身、向往与追求幸福生活的心态。至清代，翡翠大量应用，生产了许多的翡翠珍品。

如绿翡翠珠链，粒径0.11厘米至0.15厘米，长49.5厘米，翠色纯正，珠粒圆润饱满，十分珍贵。尤其少见的黄翡翠项链，粒径0.76厘米至1.18厘米，链长73.5厘米，蛋黄色纯正，珠粒圆润饱满。

还有翡翠双股珠链，共用翡翠珠108枚，枚径0.76厘米至0.94厘米，一股长45.7厘米，另一股长50.8厘米，颜色鲜艳，翠质均匀细腻，颗粒圆润饱满，十分珍贵。

稍大型的器件如清翡翠观音立像，高17厘米，整体翠色浓艳，翠质细腻温润，雕工精美，观音菩萨面部生动自然，衣褶飘逸，栩栩如

生，安然慈祥，殊为珍贵。

还有翡翠送子观音像。"送子观音"俗称"送子娘娘"，是抱着一个男孩的妇女形象。

"送子观音"很受我国妇女喜爱，人们认为，妇女只要摸摸这尊塑像，或是口中诵念和心中默念观音，即可得子。

据说晋朝有个叫孙道德的益州人，年过50岁，还没有儿女。他家距佛寺很近，景平年间，一位和他熟悉的和尚对他说：你如果真想要个儿子，一定要诚心念诵《观世音经》。

孙道德接受了和尚的建议，每天念经烧香，供奉观音。过了一段日子，他梦见观音，菩萨告诉他："你不久就会有一个大胖儿子了。"

果然不久夫人就生了个胖乎乎的男孩。

清翡翠雕佛坐像，高32厘米。颜色温润通透，翠质均匀细腻，通体硕大完美，坐佛两耳垂肩，双手合十盘腿而坐，整体庄严肃穆，十

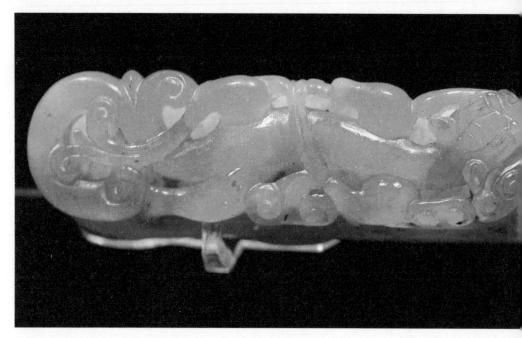

分珍贵。

比较高大的是一尊清翡翠关公雕像，高约1.22米，重约110千克，带底座，右手持雕龙大刀。人物头戴头盔，左手托长须，身披战袍铠甲，脚蹬长靴，眼睛微闭下视，神情威严。

这件雕像的材质在灯光下肉眼观察，可看出质地细腻、结构颗粒紧密、颜色柔和、石纹明显，轻微撞击，声音清脆悦耳，明显区别于其他石质，通身白中泛青，接近糯米种，腿部还漂有淡淡的紫罗兰花，可以说是开门的翡翠料。

这件翡翠作品雕工十分考究细腻，通体浮雕散落的云朵、头盔、铠甲雕刻得细致入微，战袍的褶皱也十分自然合理。一把胡须丝丝入微，肉眼看十分清晰均匀。

关公的左臂肩膀处还有精细的兽面浮雕，右臂所持长刀刀身雕有龙和日，显得栩栩如生，惟妙惟肖，这都是古代优秀老工匠才能完成

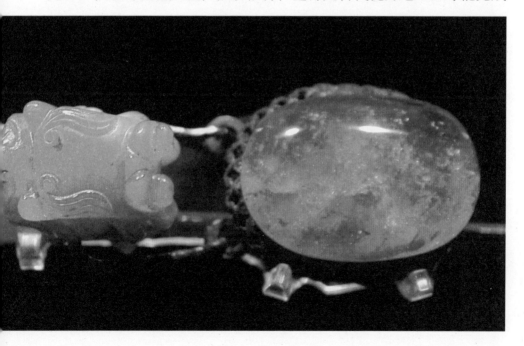

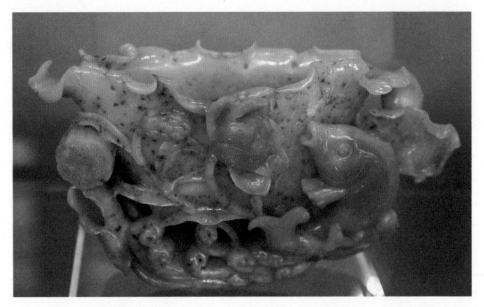

的。关公神情威严，双眼下视，似睁似闭，相当传神，属于清代关公的造型。

另外，翡翠还大量应用于带扣等实用并精美装饰两用的物品中。

如清乾隆雕螭龙带扣，长5.1厘米，此件翡翠质地细腻，雕工精细，造型高古。翡翠雕带扣较为少见，如此质地的翡翠带扣在清代也当属稀有之物。

金黄色的老翡翠相当罕见，清代中期老翡翠金黄色螭龙带扣，长5.7厘米，宽3.3厘米，最厚1.9厘米，雕工一流，螭龙盘转有力，栩栩如生。通体宝光四溢，非常漂亮，整体打磨仔细，已看不到砣痕。

其他还有江苏省常州茶山发现的清代翡翠玉翎管，长6.5厘米，直径1.4厘米，孔径0.8厘米，翠绿、灰白相间，有光泽。圆柱形，中空，上端有宽柄，柄上钻一透孔。

按大清律例，文官至一品镇国公、辅国公得用翠玉翎管；武官至一品镇国将军、辅国将军得用白玉翎管。故在清代，佩戴翡翠翎管和白玉翎管常为一品文武高官的象征。

清朝的官帽，在顶珠下有翎管，用以安插翎枝。清翎枝分蓝翎和花翎两种，蓝翎为鹖羽所做，花翎为孔雀羽所做。花翎在清朝是一种辨等威、昭品秩的标志，非一般官员所能戴用。

其作用是昭明等级、赏赐军功，清代各帝都三令五申，既不能簪越本分妄戴，又不能随意不戴，如有违反则严行参处；一般降职或革职留任的官员，仍可按其本任品级穿朝服，而被罚拔去花翎则是非同一般的严重处罚。花翎又分一眼、二眼、三眼，三眼最尊贵；所谓"眼"指的是孔雀翎上眼状的圆，一个圆圈就算作一眼。

在清朝初期，皇室成员中爵位低于亲王、郡王、贝勒的贝子和固伦额驸，有资格享戴三眼花翎。清朝宗室和藩部中被封为镇国公或辅国公的亲贵、和硕额驸，有资格享戴二眼花翎。五品以上的内大臣、前锋营和护军营的各统领、参领，有资格享戴单眼花翎，而外任文臣无赐花翎者。

由此可知花翎是清朝居高位的王公贵族特有的冠饰，而即使在宗藩内部，花翎也不得逾分滥用。有资格享戴花翎的亲贵们要在10岁时，经过必要的骑、射两项考试，合格后才能戴用。

如清代神童翠玉翎管，翎管长3.8厘米，是普通翎管的一半。翠玉翎管基本为整体满深绿翠，有小点的白地，质地坚硬，雕琢精细，光滑，具玻璃质感。但有一

面有较重的腐蚀，手感不平。

神童翎管与名声显赫文武高官顶戴的翎管比较，数量极其稀少。

清代翡翠狮纽印章，上面有一尊狮子纽，带提油。下面的翠印还带点红翡，寓意好，印章高2.6厘米，宽度1.7厘米，厚度0.9厘米。

翡翠不仅用于当时的器物，还应用于仿古代青铜器型中。

如清翡翠双耳盖鼎，高13.8厘米，颜色浓艳，翠质细腻，工艺精细，整体厚重敦实，尤为珍贵。

类似的还有翡翠瓜果方壶摆件，高25.5厘米，颜色浓淡相宜，翠色润透，雕刻精细，整体生机盎然，较为难得。

瓜果还可以单独成为有吉祥寓意的摆件，如清翡翠雕瓜果福禄寿摆件，高13厘米，翡翠大料为材，局部呈红翡，大面积现绿色。镂空圆雕，中有黄瓜、萝卜、寿桃等瓜果。边有饰铜钱一串。

瓜藤蔓蔓，枝叶茂盛，还有小花朵朵点缀。黄瓜别名胡瓜，有福

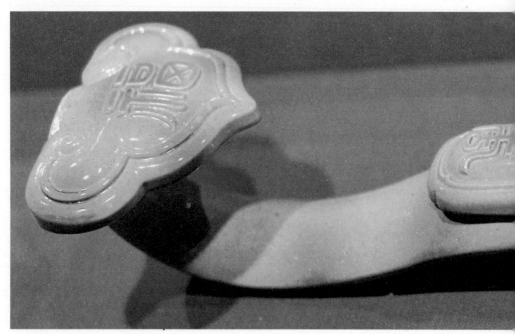

禄寓意，寿桃寓意长寿，铜钱串是财的象征，三者合一，福禄寿三全。是为吉祥如意之物。原配紫檀松石座，镂雕精致。

而富有寓意的如"五子登科"翡翠摆件，五子登科也称"五子连科"，《三字经》中记载：

> 窦燕山，有义方，教五子，名俱扬。养不教，父之过，教不严，师之惰。子不学，非所宜。幼不学，老何为？玉不琢，不成器。人不学，不知义。

后来逐渐演化为五子登科翡翠摆件的吉祥图案，寄托了一般人家期望子弟都能像窦家五子那样联袂获取功名。

五代时的蓟州渔阳人窦禹钧年过而立尚无子，一日梦见祖父对他讲，必须修德而从天命。自此，窦禹钧节俭生活，用积蓄在家乡兴办

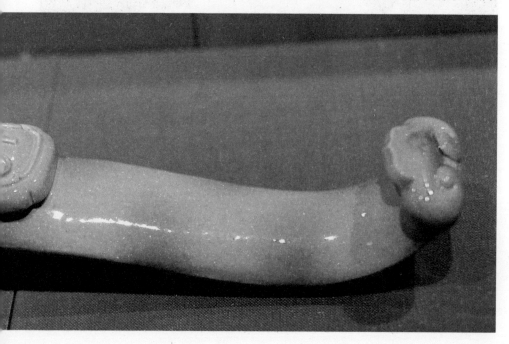

义学，大行善事。

以后，他接连喜得5个儿子，窦仪、窦俨、窦侃、窦偁、窦僖。窦父秉承家学，教子有方，儿子们也勤勉饱读，相继在科举中取得佳绩，为官朝中，是为"五子登科"，在渔阳古城传为佳话。

清代叶赫那拉氏慈禧太后珍爱玉器与历代帝王相比是空前绝后的，并特别喜欢翡翠，将它看得比什么珍宝都贵重，她用过的玉饰、把玩的玉器数量多到足以装满3000个檀香木箱。

慈禧太后喜爱翡翠为当时的满汉官员所知晓，于是他们纷纷进贡献宝来博取她的赏识。太后对翡翠的偏爱超过对高品质的钻石的喜爱，有两件事可以说明：

第一件事，慈禧太后是个地道的翡翠迷，曾有个外国使者向她献

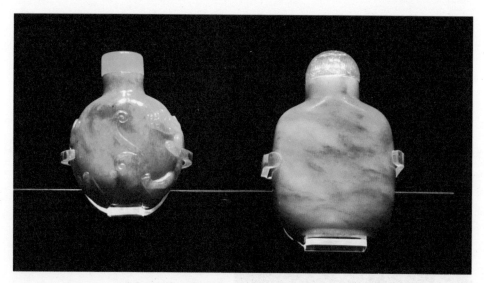

上一枚大钻石。她慢条斯理地瞟了一眼，挥挥手道："边儿去。"

她不稀罕喷着火彩的钻石，反而看上另一个人向她进献的小件翡翠，"好东西，大大有赏"！给了他价值不菲的赏赐。

第二件事，恭亲王奕訢退出军机之前，叔嫂因国事而争论产生不快。恭王新得一枚祖母绿色翡翠扳指，整天戴在手上，摩挲把玩。

没几天，慈禧召见恭王，看见他手上戴着一汪水般的翡翠扳指，便让摘下来瞧瞧。谁知慈禧拿过来一面摩挲一面夸好，颇似爱不释手的样子，一边问话，顺手就搁在龙书案上了。

恭王一看扳指既然归还无望，只好故作大方，贡奉给她了。

慈禧太后的头饰，全由翡翠及珍珠镶嵌而成，制作精巧，每一枚翡翠或珍珠都能单独活动；手腕上戴翡翠镯；手指上戴10厘米长的翡翠扳指，尤其她还有一枚戒指，是琢玉高手依照翠料的色彩形态，雕琢成精致逼真的黄瓜形戒饰。

甚至，慈禧的膳具是玉碗、玉筷、玉勺、玉盘。慈禧太后拥有13套金钟、13套玉钟，作为皇宫乐队的主要乐器。玉钟悬挂于2.67米高，

1米宽的雕刻精巧的钟架上。

1873年，慈禧太后开始给自己选"万年吉地"，兴建陵墓。陵址选好后，她就将手腕上的翡翠手串儿，扔进地宫当"镇陵之宝"。

慈禧太后在死后仍以翡翠珠宝为伴。在李莲英的《爱月轩笔记》里散乱地记述了慈禧入殓时的所见所闻：

"老佛爷"身穿金丝福字上衣，平金团寿缎褂，外罩串珠彩绣长袍；头戴珍珠串成的凤冠，上面最大一枚如同鸡卵，重约4两；胸前佩戴着两挂朝珠和各种各样的饰品，用珍珠800枚、宝石35枚；腰间系串珠丝带，共计9条；手腕佩饰一副钻石镶嵌的手镯，由一朵大菊花和6朵小梅花连成，精致无比；脚蹬一双金丝彩绣串珠荷花履……口中还含着一枚罕见的大夜明珠。慈禧尸体入棺前，先在棺底铺了3层绣花褥子和一层珍珠，厚约33厘米。

第一层是金丝串珠锦褥，面上镶着大珍珠12604枚、红蓝宝石85枚、祖母绿两枚、碧玺和白玉203枚；第二层是绣满荷花的丝褥，上面铺撒着珍珠2400枚；第三层是绣佛串珠薄褥，用了珍珠1320枚；头上安放一片碧绿欲滴的翡翠荷叶，重22两。脚下放着一朵粉红色玛瑙大莲花，重36两。

尸体入棺后，其头枕黄绫芙蓉枕，身盖各色珍珠堆绣的大朵牡丹花衾被；身旁摆放着金、玉、宝石、翡翠雕琢的佛爷各27尊；腿左右两侧各有翡翠西瓜一只、甜瓜两对、翡翠白菜两棵，宝石制成的桃、杏、李、枣200多枚。白菜上面伏着一只翠绿色的蝈蝈，叶旁落着两只黄蜂。

尸体左侧放一枝翡翠莲藕，3节白藕上雕着天然的灰色泥土，节处有叶片生出新绿，一朵莲花开放正浓。尸体右侧，竖放一棵玉雕红珊瑚树，上面缠绕青根、绿叶、红果的盘桃一只，树梢落一只翠色小鸟。

另外，棺中还有玉石骏马、十八罗汉等700余件。棺内的空隙，填充了4升珍珠和2200枚红宝石、蓝宝石。入殓后，尸体再覆盖一床织缀着820枚珍珠的捻金陀罗尼经……

知识点滴

早期翡翠并不名贵，身价也不高，不为世人所重视，清代纪晓岚在《阅微草堂笔记》中写道："盖物之轻重，各以其时之时尚无定滩也，记余幼时，人参、珊瑚、青金石，价皆不贵，今则日……云南翡翠玉，当时不以玉视之，不过如蓝田乾黄，强名以玉耳，今则为珍玩，价远出真玉上矣。"

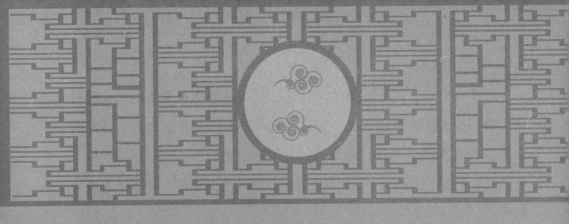

孔雀精灵——孔雀石

　　孔雀石是铜的表生矿物，因含铜量高，所以呈绿色或暗绿色，古时也称为"石绿"。因其颜色和它特有的同心圆状的花纹犹如孔雀美丽的尾羽，故而得名，也因此尤为珍贵。

　　孔雀石由于颜色酷似孔雀羽毛上斑点的绿色而获得如此美丽的名字。我国古代称孔雀石为"绿青""石绿"或"青琅玕"。

　　关于孔雀石名称的由来，有一个凄艳的传说：

　　远古时候，阳春石菉一带荒山野岭，人烟稀少，有个青年名叫亚文，上山劳作，看见一只鹰紧紧追赶一只绿色孔雀，孔雀被鹰击伤坠地。

亚文赶走了鹰，救出孔雀，把它带回家中敷药治伤，终于把孔雀治好了，就把孔雀带到山林中放飞，孔雀在半空盘旋了一周，向亚文叫喊几声，就向南飞去了。

亚文继续每天艰辛劳动。

有一天，天气酷热，亚文中暑昏倒。过一会亚文悠悠醒来，看见一位美丽的绿衣姑娘给他喂药，他很是感激。

姑娘说道："感君前次的救命之恩，我今天特来相报。"

亚文才知道姑娘是孔雀变的。他们款款交谈，产生了爱情。姑娘告辞时，亚文依依不舍。姑娘约亚文半夜到石菉河边相会，这一夜，孔雀姑娘依约到河边，和亚文结为夫妻。

孔雀姑娘偷下凡尘和亚文成亲的消息，被天帝知道了，天帝就命令天将将孔雀姑娘压在石菉山下。

亚文回家不见了孔雀姑娘，四处寻找，非常痛苦，他为财主挖山采矿听到大石中传出孔雀姑娘的声音，他为救出姑娘，就邀集矿工开山炸石，终于看见了绿莹莹的孔雀石，采回去开炉冶炼三天三夜，炼出了金光耀目的铜块。

亚文把铜块磨成铜镜，用水洗净对镜照看，忽然发现孔雀姑娘向

他微笑。亚文把铜镜放在床头，经常看着孔雀姑娘微笑的脸孔，无限痛苦地相思。

天帝见亚文和孔雀姑娘深情相爱，就恩准他们结为夫妻，双双飞升天界去了。从此石崇山岭下就埋藏着许多美丽的孔雀石……

石家河文化是新石器时代末期铜石并用时代的文化，距今约4600年至4000年，因首次发现于湖北省天门市石河镇而得名，主要分布在湖北省及河南省豫西南和湖南省湘北一带。

此地有一个规模很大的遗址群，多达50余处，该处已经发现有铜块、玉器和祭祀遗迹、类似于文字的刻画符号和城址，表明石家河文化已经进入文明时代。

在石家河文化邓家湾遗址发现了铜块和炼铜原料孔雀石，标志着当时冶铜业的出现。

公元前13世纪的殷商时期，就已有孔雀石石簪等工艺品、孔雀石"人俑"等陪葬品，由于它具有鲜艳的微蓝绿色，使它成为古代最吸引人的装饰材料之一。

如河南省安阳殷墟发现用来冶炼青铜的矿石中就有孔雀石，其中最大的一块重达18.8千克。

河南省三门峡市上村岭西周晚期至春秋初期的虢国贵族墓地遗址中，也发现有孔雀石两件。还有大量动物形玉饰，如玉狮、玉虎、玉豹、玉鹿、玉蜻蜓、玉鱼及玉海龟等。

其他西周墓地也发现有大量孔雀石制成的珠、管等饰品。

河北省涿鹿的春秋战国时期墓葬发现的遗物中，也有孔雀石和与孔雀石伴生的蓝铜矿。

古人还把孔雀石当作珍贵的中药石药，《本草纲目》记载：

石绿生于铜坑内，乃铜之祖气也，铜得紫阳之气而变绿，绿久则成石，谓之石绿。

我国古代还用于绘画颜料，也称"石绿"，便是以孔雀石为原材料磨制而成，经千年而不褪色。

西汉南越王墓发现的孔雀石药石、铜框镶玉卮和铜框镶玉盖杯，

还有带着明显铜沁的玉角杯。这些遗物强烈暗示，在2200年前的西汉时期，阳春的孔雀石已被南越王用来作为绘画的颜料，作为炼丹的药石，作为炼铜的原料，作为镶嵌用的玉石。

广东省阳春的孔雀石开采及冶铜，始于东汉时期，在矿区考古发现的汉代冶炼遗址延绵几千米长，遗留的铜矿废渣竟达100多万吨。

唐代孔雀石又被称为豹纹石，人们发现了孔雀石石质较软，易于雕刻加工，因此唐代孔雀石其制作工艺复杂，有些孔雀石器物加工的极为精细，平底极平，圆器极规整，弧度极优美，器物壁极薄，器盖与器身严丝合缝，看着这些精美的器物，真感觉唐人的智慧是不可想象的。

如唐代孔雀石盒，高5.2厘米，口径15.5厘米，腹径16.5厘米。盒直壁，玉璧底，子母口。可能是沿丝绸之路运来的孔雀纹石，此种石料唯长安、洛阳唐代遗址有发现，从器形和一起发现的其他器物推断，此种材料的器物当时十分珍贵。

与此相类似的还有孔雀石粉盒，直径7厘米，高3.3厘米。

在唐代时，根据《无量寿经》记载，

孔雀石也曾作为佛教七宝之一，有时还被制成盛装佛骨舍利的函。

如唐孔雀石舍利函，函为长方形清碧色带花斑孔雀石，盖为覆斗形，子母口。庄严神圣。

函内的棺为黄金制成，棺盖四周用金线缀满琉璃珠，棺前挡上方正中缀一颗较大琉璃珠，以下錾出双扇大门，门上方为弧形，门上有数排门钉，描绘朱砂。

琉璃瓶多面磨刻，长颈，盖为带錾工、形如花蒂的黄金制成。瓶内盛数枚不同颜色的固体物，应是佛舍利。

铁灯为6面楼阁，1面开门，5面开窗，阁内有佛；阁上方为榭，带护栏，6面各站一佛，态度娴静，榭中间灯柱为一擎物力士，鼓肌瞠目，极富力度；力士头擎莲花，花瓣分3层，花蕊作为灯盏，俊逸美妙；6足稍稍外撇，下部内收。整个器型庄重曼妙，富有极其浪漫的想象力。

金棺置于函内，金盖琉璃瓶置于棺内，铁质莲花灯置于函侧。为佛教仪轨中重要实物资料。

除此之外，孔雀石还有的被雕镂成熏炉、埙等日常用具和乐器，代表了唐时代长安和洛阳豪华的风尚。

如这件唐孔雀石熏炉，高8.5厘米，口径4厘米，底径9.5厘米，以当时极其名贵的进口料孔雀石制成，用以点燃薰香。

唐代孔雀石埙，直径28厘米，高9.5厘米，口径1.2厘米，底径5厘米，正面6孔，背面两孔，吹奏音质如初，是研究我国音乐史重要的实物资料。

至宋代，瓷器制作得到空前的发展，匠人们发现，若将孔雀绿敷盖于青花上，则青花色调变黑，颇有磁州窑孔雀绿黑花的效果。

这时的孔雀石雕刻器物如宋代孔雀石印章，文房用具，高6.5厘米，宽3.5厘米，重153克。还有孔雀石原石摆件，高约30厘米，宽约20

厘米，厚15厘米左右，重竟达15~20千克。

这种技术一直延续至后世的明清时期。如明朝孔雀石兽镇，高11厘米，雕刻的瑞兽外形十分凶猛强悍。

还有明代孔雀石鱼纹海水纹文房罐，高5.8厘米，直径9厘米，孔雀石颜色非常漂亮，带四鱼纹饰，下部为海水纹饰。

清朝的慈禧太后，就曾经用孔雀石、玛瑙、玉三种宝石制作的面部按摩器，在脸上穴位滚动，从而促进面部血液循环，调整面部神经，从而能达到祛斑，美白的作用。

北京也珍藏着清宫廷赏玩的孔雀石山水盆景和工艺品。清代宫廷将孔雀石视为雅石文房材料中的一种，如清代孔雀石嵌白玉雕人物故事山子，此山子以天然孔雀石雕刻而成，通景山石人物故事图。山石层叠，高台侧立，古树参天，苍松繁茂，屋舍隐约，右侧高仕童子携琴访友。

画面中人物以和田白玉圆雕而成，与孔雀石颜色相映成趣，雕工精湛，浑然天成。是典型的清代工艺风格。

再如，清代孔雀石盘，高1.8厘米，长20.7厘米，宽15.4厘米。盘为绿色孔雀石制成，浅式，雕成

荷叶形。盘内、外有阴刻和浅浮雕的叶脉纹。此盘孔雀石含有绿色的美丽花纹。其下以红木透雕的荷花枝为座。亮色的浅盘与暗色的木座搭配，形成鲜明的色彩对比。

还有清孔雀石鼻烟壶，高6.5厘米，口径1.6厘米，扁圆形，通体为深浅绿色花纹相间，充分显示出孔雀石天然生成的纹理。其顶上有錾花铜镀金托嵌红色珊瑚盖，下连以玳瑁匙，底有椭圆形足。

以孔雀石制作的鼻烟壶极为少见，此烟壶颜色深沉，盖钮以红色珊瑚加以点缀，可谓万绿丛中一点红，使烟壶整体显得十分活泼。

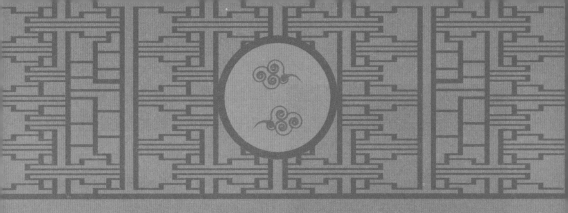

色相如天——青金石

青金石，我国古代称为"璆琳""金精""瑾瑜""青黛"等。属于佛教七宝之一，在佛教中称为"吠努离"或"璧琉璃"。

青金石以色泽均匀无裂纹，质地细腻有漂亮的金星为佳，如果黄铁矿含量较低，在表面不出现金星也不影响质量。但是如果金星色泽发黑、发暗，或者方解石含量过多在表面形成大面积的白斑，则价值大大降低。

呈蓝色的青金石古器往

往甚为珍贵。《石雅》记载："青金石色相如天，或复金屑散乱，光辉灿烂，若众星丽于天也。"

所以我国古代通常用青金石作为上天威严崇高的象征。

《尚书·禹贡》记载了夏代时位于西方的雍州曾向中心王朝纳贡璆琳，而璆琳就是青金石的波斯语音译。

这说明青金石在我国夏代就已经得到了开发利用，并成为王朝礼法划定的神圣贡物。

最古老的青金石制品是战国时期曾侯乙墓中发现的，同墓还发现了大量青铜器、黄金制品、铝锡制品、丝麻制品、皮革制品和其他玉石制品。

墓中的玉石制品大多为佩饰物或葬玉，数目多达528件，其质地除了青金石，还有玉、宝石、水晶、紫晶、琉璃等，其中不少为稀世精品。

此外，在吴越地区还发现一把战国时期的越王剑，其剑把镶嵌了蓝绿色宝石。后经认定，这把越王剑的剑把所镶玉石一边为青金石，另一边为绿松石。

《吕氏春秋·重己》记载："人不爱昆山之玉、江汉之珠，而爱己之一苍璧、小玑，有之利故也。"

这里将"苍璧"与"昆山之玉"作为两件对比的事物并列，显见两者虽然不同，但肯定有很多相似的特征，因此苍璧或许是青金石。

东晋王嘉所著《拾遗记》卷五记载："昔始皇为冢……以琉璃杂宝为龟鱼。"因此有人认为这里所说的秦始皇墓中所谓的"琉璃"就是青金石。

但可以肯定的是，我国在东汉时已正式定名"青金石"，在我国古代，入葬青金石有"以其色青，此以达升天之路故用之"的说法，多被用来制作皇帝的葬器，据说以青金石切割成眼睛的形状，配上黄金的太阳之眼，能够守护死者并给予勇气。

在徐州东汉彭城靖王刘恭墓发现有一件鎏金嵌宝兽形砚盒，高10厘米，长25厘米，重3.85千克。砚盒做怪兽伏地状，通体鎏金，盒身镶嵌有红珊瑚、绿松石和青金石。

南北朝时期，西域地区的青金石不断传入中原。如河北省赞皇东魏李希宋墓发现了一枚镶青金石的金戒指，重11.75克，所镶的青金石呈蓝灰色，上刻一鹿，周边有联珠纹。

在南朝诗人徐陵的《玉台新咏·序》中有记载："琉璃砚匣，终日随身，翡翠笔床，无时离手。"从翡翠到清代才传入我国与宋代欧阳修类似的记载来看，这里的所谓"翡翠"当然指的是价值昂贵的青金了。

至隋唐时期，我国与中亚地区的交往进一步增加，这在青金石的使用上也有所反映，如陕西省西安市郊区的隋朝李静训墓中发现有一件异常珍贵的金项链，金项链上就镶嵌有青金石。

根据墓志和有关文献得知，李静训家世显赫，她的曾祖父李贤是北周骠骑大将军、河西郡公；祖父李崇，是一代名将，年轻时随周武帝平齐，以后又与隋文帝杨坚一起打天下，官至上柱国。

公元583年，在抗拒突厥侵犯的战争中，以身殉国，终年才48岁，追赠豫、息、申、永、浍、亳六州诸军事、豫州刺史。

李崇之子李敏，就是李静训的父亲。隋文帝杨坚念李崇为国捐躯的赫赫战功，对李敏也倍加恩宠，自幼养于宫中，李敏多才多艺，《隋书》中说他"美姿仪，善骑射，歌舞管弦，无不通解"。

开皇初年，周宣帝宇文赟与隋文帝杨坚的长女皇后杨丽华的独女宇文娥英亲自选婿，数百人中就选中了李敏，并封为上柱国，后官至光禄大夫。

据墓志记载，李静训自幼深受外祖母周皇太后的溺爱，一直在宫中抚养，"训承长乐，独见慈抚之恩，教习深宫，弥遵柔顺之德"。

然而"繁霜昼下，英苕春落，未登弄玉之台，便悲泽兰之天"。

公元608年六月一日，李静训殁于宫中，年方9岁。皇太后杨丽华十分悲痛，厚礼葬之。

李静训墓金项链周径43厘米、重91.25克，这条项链是由28个金质球形饰组成，球饰上各嵌有10枚珍珠。金球分左右两组，各球之间系有多股金丝编织的索链连接。链两端用一金钮饰相连，金钮中为一圆形金饰，其上镶嵌一个刻有阴纹驯鹿的深蓝色珠饰。

两组金球的顶端各有一嵌青金石的方形金饰，上附一金环，钮饰两端之钩即纳入环内。项链下端为一垂珠饰，居中者为一嵌鸡血石和24枚珍珠的圆形金饰，两侧各有一四边内曲的方形金饰。最下挂一心形蓝色垂珠，边缘金饰做三角并行线凹入。

北宋大文豪欧阳修在《归田录》中记载：

> 翡翠屑金，人气粉犀，此二物，则世人未知者。余家有一玉罂，形制甚古而精巧。始得之，梅圣俞以为碧玉。
>
> 在颍州时，尝以示僚属，坐有兵马钤辖邓保吉者，真宗朝老内臣也，识之曰："此宝器也，谓之翡翠。"
>
> 云："禁中宝物皆藏宜圣库，库中有翡翠盏一只，所以识也。"
>
> 其后予偶以金环于罂腹信手磨之，金屑纷纷而落，如砚中磨墨，始知翡翠之能屑金也。

由此可见，"屑金之翡翠"中既有可以被古人误认为是金屑的黄铁矿，更应比较珍贵，被古人认可，而且有着悠久的人类使用历史。那么，其中的"金屑"实际是黄铁矿，"翡翠"实际是青金石。

明代学者姜绍书《韵石斋笔谈》记载的明朝"翡翠砚""磨之以金，霏霏成屑"，与欧阳修记载的对翡翠玉罂进行"如砚中磨墨"的金环实验比，其结果是异曲同工的。

由此证明了翡翠砚是含有所谓金屑的。而翡翠砚与前面所述"翡翠笔床"同为文房用品，以青金为制作材质，并不是说青金有益于提升其文房功能，而是为了突出青金的高贵和价值。

以此类推，唐昭宗赏赐李存勖的"翡翠盘"和"鸂鶒卮"，后唐时期秦王李茂贞贡献给时为后唐庄宗李存勖的"翡翠爵"，后周时期刘重进在永宁宫找到的"翡翠瓶"，南唐时期作为大户人家嫁妆的"翡翠指环"，北宋时期宋真宗的"翡翠盏"、北宋末期宋徽宗的"翡翠鹦鹉杯"，宋代文献记载的"于阗翡翠"等，这些无一例外，都是指的青金石。

特别是鸂鶒卮和鹦鹉杯，实际也是与"翡翠玉罂"一样，都是用

碧蓝色鸟类的羽毛，如"鸂鶒""鹦鹉""翡翠"等，来命名同为碧蓝色的玉石的，而这个碧蓝色的玉石，就是青金。

由此也说明，至少在南北朝时期、隋唐时期、五代十国时期、两宋时期和明朝，青金石已经随着丝绸之路大规模地输入中原地区，青金制作的器物已经作为外邦的贡品，成为王朝皇帝的收藏，其地位和价值已经达到了一个相当高的水平。

另外，青金石由于硬度不高，后来人们发现可以用于雕刻一些小型把件、印章等物品。

如宋代青金石大吉大利手把件，长4.8厘米，宽4.7厘米，厚3厘米，重70克，为一完整的鸡的造型，扭颈回头，古朴而厚重，寓意吉祥。

明代青金石雕鼠摆件，长6.8厘米，高3.5厘米，厚2.9厘米，天蓝色玻璃光泽亮丽，石雕表面微见不规则冰裂纹，腹股背有白线，似一丝白云横贯其间。

整件青金石雕鼠之造型做卧式状，只见鼠的头部向左略侧，目光平视。尖嘴略张，长须紧贴其上，小又灵活的双耳似在凝神窃听四周的动静，高高竖起。

短而粗壮的脖子，肥胖的躯体，细长的尾巴弯曲收向腹侧，四爪紧紧贴于红木底座。底座则雕以镂空变体莲叶纹，衬托出该石雕鼠的灵动逼真，犹如一只呼之欲出的大蓝鼠。

还有明代青金石镶银金刚杵，长4厘米，应为贵族所配之物，规格之高极为少见，牌子银座为后包。

至清代，青金石除印章，也应用于雕刻摆件、山子、挂坠、如意等更复杂的物件。

如清代青金石瑞兽钮印章，高6.2厘米，印章呈方形，上有兽形钮，以青金石雕琢而成，此印石体深蓝，间有白花星点，表面打磨平整光洁，色泽莹润，兽钮形象古朴，雄浑大气，雕琢精致，形状方正规整，为青金石印章之佳品。

清青金石如意，长44厘米，宽2.7厘米，做工犀利，线条硬朗。

类似的还有清代青金石如意牌，图案吉祥寓意多子多福如意长寿，高5.2厘米，长4厘米，厚0.6厘米。色彩纯正稳重，面有洒金，为上品青金石。雕刻双石榴、双灵芝、一朵花，寓意子孙繁盛，灵芝如意，确为青金石雕刻中的精品。

在古代，青金石除用作帝王的印章、如意之外，同时也是一种贵重的颜料。如敦煌莫高窟、敦煌西千佛洞自北朝至清代的壁画和彩塑上都使用了青金石作为蓝色颜料。

至清代，皇室延续了使用青金石祭天的传统。据《清会典图考》记载："皇帝朝珠杂饰，唯天坛用青金石，地坛用琥珀，日坛用珊瑚，月坛用绿松石；皇帝朝带，其饰天坛用青金石，地坛用黄玉，日坛用珊瑚，月坛用白玉。"

皆借玉色来象征天、地、日、月，其中以天为上。由于青金石玉石"色相如天"，故不论朝珠或朝带，尤受重用。

明清代以来，由于青金石"色相如天"，天为上，因此明清帝王重青金石。在2万余件清宫藏玉中，青金石雕刻品不及百件。

如清青金石镶百宝人物故事山子，长14厘米，此山子采用深浅

浮雕、镂雕等技法施艺，画面描绘的是五学士聚在一起品评诗文的情景。所描绘人物各具情态，传神生动。山子上人物采以圆雕技法用孔雀石、白玉、绿松石、寿山石等雕琢而成，再配以原木底座，座上有"乾隆年制"款。

整件山子，布局合理，刀锋锐利，层次繁密，场景布局合理，展现了一派世外桃源之景，充分体现了工匠的高超技法。

青金石不仅以其鲜艳的青色赢得了各国人民的喜爱，而且也是藏传佛教中药师佛的身色，所以清代也将其用于佛教体裁的器物中。

如乾隆足金嵌宝四面佛长寿罐，此件为密宗修长寿之法时用的法器。工艺精细，通体足金嵌各色宝石，切割工整细密，底部雕仰覆莲瓣。

藏传佛教常以绿松石、青金石、砗磲、红珊瑚、黄金等矿物代表五佛白、绿、青、红、黄的五方五色。红珊瑚长寿佛，绿松石绿度母，青金石文殊，砗磲四臂观音，无一不精，是乾隆年间御赐之物。

清代御制铜鎏金嵌宝石文殊菩萨宝盒，高10.5厘米，宽 14.3厘米，宝盒为祭祀用的法器。盒内盛米，每当活佛主持重要法事时，便从此盒中将米撒向众生。寓意赐福众生。能得到这样的米，是一个人毕生的欢欣。

本宝盒上盖镶有降魔杵，下盖以松石、红珊瑚、孔雀石、青金石、珍珠和金银线累金镶嵌文殊菩萨造像，本尊饰以纯金嵌宝石。人物栩栩如生，神态庄严安详。

宝盒外部以青金石、红珊瑚和松石堆砌而成双龙赶珠纹。做工精美细腻用料考究。是十分罕见的宫廷艺术珍品。

清代御制金包右旋法螺5件，高12.5厘米，大小相同，无翅金包右旋白法螺，工艺精湛，纹饰精美、通体镶有红绿宝石。螺体嵌刻五方佛，代表五智，广受尊崇。

清代御制铜鎏金水晶顶嵌宝石舍利塔，高23.5厘米，宽16.2厘米。

清代御制镂金嵌宝石莲花生大士金螺，高36.5厘米，宽25厘米，此法螺是白螺为胎，通体包金嵌刻纹饰，间饰红绿宝石，边镶金翅，其上嵌刻有莲花生大师咒。

莲花生大师是印度高僧，藏传佛教的创始人。吐蕃王赤松德赞创建一座佛教寺院桑耶寺，到了极大的阻力，于是便派遣使者从尼泊尔迎请莲花生大师前来扶正压邪，降妖除怪，创建佛寺，弘扬佛教。当人们吹响法螺，就喻意念动莲花生大师咒，便可得其护佑。

至于清代帝后们使用的各色首饰和仪礼用品，青金石的使用也很普遍，如清宫遗存中价值最高和最珍贵的文物乾隆生母金发塔，其塔座和龛边就镶嵌了很多青金石。

优质青金石的蔚蓝色调使得青金的质地宛如秋夜的天幕，深旷而明净；在蔚蓝色色调上还交响着灿灿金光，宛如蓝色天幕上闪烁着辉煌的繁星。

天幕与繁星水乳交融，让人心旷神怡。在青金的蔚蓝的色调和灿灿的金光的陶冶下，作为凡夫俗子的我们能不心神沉醉、自由遥想吗？

的确，青金石就是这样一种石头，可以助人催眠，或者展开冥想；可以匡助不乱心情，消除烦躁和不安。

青金石还可以保佑佩戴者的平安和健康，增强人的观察力和灵性，彰显佩戴者高贵清新、温文儒雅的气质。

知识点滴

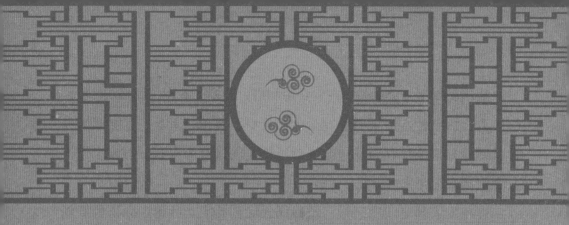

佛宝之珍——玛瑙

　　古时的人，一说起珠宝，就必称"珍珠玛瑙"，充分说明了玛瑙在我国古代人心目中的地位。有记载说由于玛瑙的原石外形和马脑相似，因此称它为"玛瑙"。

　　玛瑙是一种不定形状的宝石，通常有红、黑、黄、绿、蓝、紫、灰等各种颜色，而且一般都会具有各种不同颜色的层状及圆形条纹环带，类似于树木的年轮。

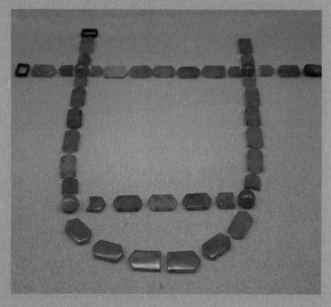

　　蓝、紫、绿玛瑙较高档稀有，又名"玉髓"。玛瑙是水晶的基床，很多水晶是生长在玛瑙矿石身

上，它同水晶一样也是一种古老的宝石。

传说拥有玛瑙可以强化爱情，调整自己与爱人之间的感情。这种说法来自我国北方天丝玛瑙来历的传说：

相传，辽宁省阜新蒙古族的宝柱营子，有一个叫作玉梅的少妇，美丽、善良、聪明而勤劳。她与丈夫田龙结婚后，夫妻俩互敬互爱，感情深挚，不料偏执顽固的田母却看她不顺眼，百般挑剔，并威逼田龙将她休掉。

田龙迫于母命，无奈只得劝说玉梅暂避娘家，待日后再设法接她回家。分手时两人盟誓，永不相负，田龙发誓日后必定再接她过门。谁知玉梅回到娘家后，趋炎附势的哥哥逼她改嫁官家的儿子，即日举行婚礼。

田龙闻讯赶来，想要把玉梅抢走，但是，当他赶到玉梅家的时候，玉梅已经在上轿前纵身跳进宽阔的江河里。田龙悲痛至极，也跳了下去。两个人双双殉情而死，身体沉落到江河深处。河里的水草环绕在他们的身旁，被他们至死不渝的爱情所感动，团团包裹着他们的身体，集天地之精华。

千百年后，他们的身体与水草融为了一体，变成坚硬无比的水草玛瑙石，晶莹闪亮，玉石间水草缠绕，景观别致，犹如天然的绿丝

带，如梦如幻。

后来河流干涸，这种玉石被发现后，为了纪念他们坚定的爱情，人们给它起名"天丝玛瑙"，意即如天上的丝带般缠绕一生，不离不弃。

玛瑙的历史十分遥远，它是人类最早利用的宝石材料之一。玛瑙由于纹带美丽，自古就被人们饰用。我国古代常见成串的玛瑙珠，以项饰为多。

如在南京北阴阳营等原始文化遗址中就发现有玛瑙杯和玛瑙珠。在大量的玛瑙珠中，有一枚作辟邪状，长1.7厘米。

此外，甘肃省永靖大何庄齐家文化遗址，山东省莒南大店春秋墓中以及江苏省南京象山东晋墓中等，也都相继发现了玛瑙珠。

我国玛瑙产地分布也很广泛，几乎各省都有，著名产地有：云南、黑龙江、辽宁、河北、新疆、宁夏、内蒙古等省区。

如山东省临淄郎家庄一号东周墓发现的两件春秋时期玛瑙觽，玛瑙呈乳白色，半透明状。两件器形相同，长8.5厘米，宽1.5厘米。体形修长，似龙状。头部突出一角。曲体尖尾，身体中部钻一穿孔，以供系佩。

与此两器的质地与器形完全相同的玛瑙觽组成6组，串法可分为两种，其中一种由环和觽组成，与山西省太原市金胜村晋卿赵氏墓所发现的相似。都是两两成双，位置于骨架、腿、足旁，或胭足部位的棺樽间。

因此推测，这种佩饰在提环下可能是双行的，当与环相配，但数量的多少和连接方式似无定制。因此判断此两件玛瑙觿的年代当为春秋晚期器物。

陕西省宝鸡市南郊益门村有两座春秋早期古墓，发现了一些玛瑙。玛瑙串饰一组，由108件玛瑙器和两件玉器组成，堆放在一起，穿系物腐朽，原串缀情况已不完全清楚。玛瑙分别制成竹节形管、腰鼓形管、算珠状和隆顶圆柱状等。这些玛瑙大多为殷红色，少数为淡红。表面抛光，色泽自然，晶莹光亮，个别为透明或半透明。

其中一件殷红色玛瑙，圆形、平底，顶呈圆锥形，自顶点涂有白色射线4条，各夹一小白色圆点，白色颜料颗粒甚细。两件小玉器与玛瑙出在一堆，均圆形白色，局部有瑕疵。上有钻孔，并饰有勾连变体兽面纹、羽状细线纹等。

战国时期发现有珍贵的玛瑙瑗，共有两件，直径分别为9.5厘米和6厘米，器环形，纹理鲜亮，加工规整，磨制光润。瑗面呈斜削状，边缘扁薄，近孔处较厚，环体内、外边缘部分均以倒棱方式进行磨制。

我国古书有关玛瑙的记载很多。汉代以前的史书，玛瑙也称"琼玉"或"赤玉"。《广雅》有"玛瑙石次玉"和"玉赤首琼"之说。

如江苏省海州双龙汉墓发现的汉代玛瑙剑璲，长7厘米，宽2.4厘米，玛瑙呈半透明状，在器物表面利用自然的红色纹理巧雕成凸起的丘状，做工考究，色彩艳丽。

河南省洛阳市还发现一件汉代的玛瑙球，球的直径为3.3厘米，颜色茶红，玻璃光，表面老化，有似"熟猪肝"状的风化纹理。从老化、受沁、皮壳、做工来看，断定应是汉代的东西。

羽觞杯，从战国至汉代一直是一种饮酒用的酒具，在陕西省发现的一件汉代玛瑙羽觞杯，上面的穿云螭龙纹是汉代中期的最典型的纹饰。它象征了螭这种神话中的动物在天宫中嬉戏娱乐的一种场景。

魏文帝曹丕所著的《马脑勒赋》称："马脑，玉属也，出西域，文理交错，有似玛瑙，故其方人固以名之。"

玛瑙既然不是从马口中吐出来的，那到底是如何形成的呢？晋王嘉《拾遗记·高辛》给出了一种怪诞的答案："一说：玛瑙者，言是恶鬼之血，凝成此物。昔黄帝除蚩尤及四方群凶，并诸妖魅，填川满谷，积血成渊，聚骨如岳。数年中，血凝如石，骨白如灰，膏流成泉。"

又说"丹丘之野多鬼血，化为丹石，则玛瑙也"。

黄帝时代的所谓"玛瑙，鬼血所化也"的记载则给玛瑙平添了几分诡异的色彩。

唐人陈藏器著《本草拾遗》说道："赤烂红色，有似玛瑙。"或许正因为这种宝石状如马的脑子，所以也有胡人说玛瑙是从马口中吐出来的，如《本草拾遗》记载："胡人谓马口中吐出者。"

玛瑙一语或许是来源于佛经。《妙法莲华经》中记载："色如马脑，故从彼名。"梵语本名"阿斯玛加波"，意为"玛瑙"，可见佛教传入我国以后，琼玉或赤琼才在我国改称"玛瑙"。

玛瑙是佛教七宝之一，自古以来一直被当作辟邪物、护身符使用，象征友善的爱心和希望，有助于消除压力、疲劳、浊气等。

《般若经》所说的七宝即为金、银、琉璃、珊瑚、琥珀、砗磲、玛瑙。

组成玛瑙的细小矿物除玉髓外，有时也见少量蛋白石或隐晶质微粒状石英。严格地说，没有带花纹的特征，不能称玛瑙，只能称玉髓。

玛瑙纯者为白色，因含其他金属所以出现灰、褐、红、蓝、绿、翠绿、粉绿、黑等色，有时几种颜色相杂或相间出现。玛瑙块体有透明、半透明和不透明的，玻璃光泽至蜡状光泽。

有关红玛瑙，在我国北方有一个凄美的传说：

在我国的北方，有一条著名的河流，它就是黑龙江。江水像面大镜子般宽阔而平坦，而那岸边光华耀眼的玛瑙石，就像镶在镜框上的宝石，随着水波微荡，一闪一闪的，真是美极了！

传说很久以前在玛瑙石最多的岸上，有一座达斡尔族的城寨名字叫托尔加。城寨的首领名叫多音恰布，他有个10岁的儿子阿莫力，长着一双神奇的大眼睛。

据说这个孩子有很多奇异之处，他刚生下就认识各种飞禽走兽，并且能看见江水最深处的鲤鱼群。在他刚会走路的时候，就能跟随大人们一起去打猎捕鱼。

在一个金秋里，邻近部落的首领巴尔达依来邀请多音恰布首领率

全寨族人前去赴宴。

在临走时，多音恰布把阿莫力叫到跟前说："阿莫力，你留下吧，城寨里有你一个，大家就放心了。"

阿莫力像只撒欢的小鹿，跳着跑着，在沙滩上拾着最亮最圆的玛瑙石。拾呀，拾呀，阿莫力明亮的大眼睛突然被一道金光闪了一下，他立即向金光奔去。

阿莫力来到水边，一个猛子扎到水底。过了一会儿，阿莫力举着一枚比金子还亮、比天鹅卵还圆的玛瑙石上来了。

阿莫力捧着金色的玛瑙玩呀照呀，蹦个不停。到了太阳落山的时候，他累了困了，躺在比毯子还软、比毛褥子还暖的草地上，甜甜地睡着了。金色的玛瑙就躺在他的胸脯上，放着迷人的金光。

突然，一片黑云飘来。从山岬背后悄悄窜出几艘大帆船。这时，阿莫力醒了，他吓了一跳：这是些什么人呢？黄头发，蓝眼睛，高鼻

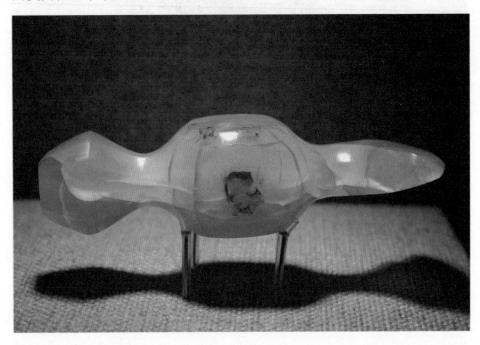

子，还有那蓬乱的胡子，手上都握着一杆带铁筒的家什……

于是阿莫力学着达斡尔族的老规矩，上前热情地说道："尊贵的客人，你们是从哪儿来呀？"

在这群人中，有个穿袍子的"大胡子"说道："我们是世界各邦之主、伟大沙皇陛下的忠实臣民。是来保护你们的。"

"保护？哈哈……"阿莫力开心地笑了。笑过后，他说："谢谢你们沙皇的好意。告诉他，我们达斡尔人从来不需要外来人的保护！"

"大胡子"贪婪地瞅着阿莫力手里的金玛瑙，挤了挤眼睛说："咱们交换吧，我们也有自己的宝物，瞧啊！"他让属下打开了舱门。

阿莫力用眼睛一扫，那哪是什么宝物，明明是些涂了野猪血的碎石块，阿莫力只是摇了摇头，并没有开口。

"大胡子"说："小王子，你可愿意让我摸摸你的宝石吗？"

阿莫力一想，既然是要摸摸，又不是拿走，就不妨让他摸摸。于是他把玛瑙递给了大胡子。

"大胡子"手颤抖着接过玛瑙，连看都没看就把它揣到了怀里。

阿莫力生气了，他一头向"大胡子"撞去。

"大胡子"冷不防被顶了个大跟斗，金色的玛瑙从他身上掉了下来，阿莫力赶忙拾起来，就向远处祖先留下的烽火台跑去。

"抓住他！掐死他！"

随着"大胡子"的吼叫声，强盗们扑了过去。

阿莫力奔到烽火台就迅速解下弓，"嗖"的一声，向远处射了一支响箭。这时，强盗们已经把烽火台围住了……

多音恰布正在巴尔达依举行的酒宴上兴致勃勃地饮酒，突然，一支响箭落在多音恰布和巴尔达依面前铺的一张大兽皮上。立刻，人们把端到嘴边的酒碗和举到嘴边的手把肉都搁下了：家里肯定出意外了。

在多音恰布的率领下，几十匹快马奔向了托尔加城寨。但是一切都晚了，人们看到烽火台上腾起了浓烟烈火，在火光的照映下，一群人有的正拉牛赶羊，有的正从库房里扛出成捆的黑貂皮……

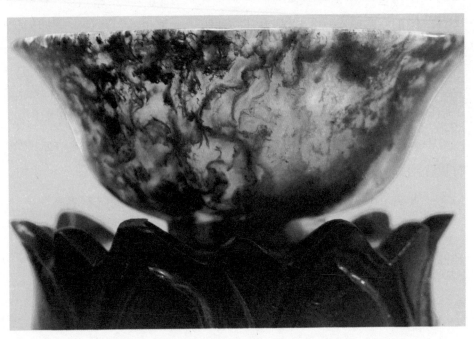

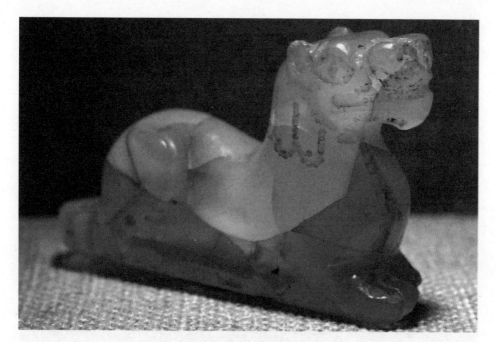

经过一场短暂而激烈的战斗，强盗们留下了几具尸体，上船逃走了。

人们到处寻找阿莫力，可是直至夜幕降临、火光熄灭，还是不见阿莫力的踪影。多音恰布和全寨人都没有放弃，他们继续寻找。

找着找着，突然，在坍塌的烽火台上，射出了一道红光，红光越来越亮，把整个江面、城寨和天空都映红了。人们立刻向烽火台冲去，在一堆玉石般的白骨上，发现一枚沾满血迹的玛瑙。

多音恰布捧起沾着血的玛瑙，含着眼泪说："这上面的血要是我儿子的，就一定能和我的血液溶在一起。"说着，他咬破了手指，把鲜血滴在玛瑙上。血花很快扩散，与原来的血溶在了一起。

捧着玛瑙，多音恰布满腔仇恨地说："你要是有我儿子的灵魂，就一定能照出披着人皮的妖魔。"

话音刚落，只见玛瑙里映出了一棵树，树上躲着一个小小的魔影。多音恰布立刻率族人朝一棵大树奔去，当猎人把箭射向浓密的树叶时，一个满脸污血的人从树上掉了下来。原来正是强盗头子。

多音恰布立即拔剑将他刺杀了，在他的胃肠里人们还发现了很多人的头发和牙齿……

在由阿莫力鲜血染红的玛瑙石的帮助下，达斡尔人终于打败了那些妖魔，红玛瑙从此得名。

最著名的玛瑙器物为陕西省西安市南郊何家村唐代窖藏发现的兽首玛瑙杯，通高6.5厘米，长15.6厘米，口径5.9厘米。

酱红地缠橙黄夹乳白色的玛瑙制作，上口近圆形，下部为兽首

形，兽头圆瞪着大眼，目视前方，似乎在寻找和窥探着什么，兽头上有两只弯曲的羚羊角，而面部却似牛，但看上去安详典雅，并无造作感。

兽首的口鼻部有类似笼嘴状的金冒，能够卸下，内部有流，突出了兽首的色彩和造型美。此杯琢工精细，通体呈玻璃光泽，晶莹瑰丽。

这件玛瑙杯是用一块罕见的五彩缠丝玛瑙雕刻而成，造型写实、生动。兽嘴处镶金，起到画龙点睛的作用，其实这是酒杯的塞子，取下塞子，酒可以从这儿流出。

头上的一对羚羊角呈螺旋状弯曲着与杯身连接，在杯口沿下又恰到好处地装饰有两条圆凸弦，线条流畅自然。

　　这件酒杯材料罕见珍贵，工匠又巧妙利用材料的自然纹理与形状进行雕刻，"依色取巧，随形变化"，是唐代唯一的俏色雕，其选材、设计和工艺都极其完美，是唐代玉器做工最精湛的一件，在我国是绝无仅有的。

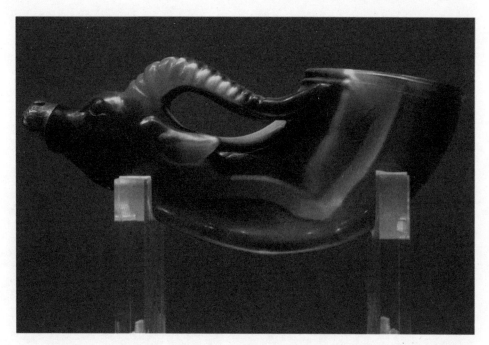

　　李时珍《本草纲目》中说：玛瑙依其纹带花纹的粗细和形态分有许多品种。纹带呈"缟"状者称"缟玛瑙"，其中有红色纹带者最珍贵，称为"红缟玛瑙"。

　　此外尚有"带状玛瑙""城砦玛瑙""昙玛瑙""苔藓玛瑙""锦红玛瑙""合子玛瑙""酱斑玛瑙""柏枝玛瑙""曲蟮玛瑙""水胆玛瑙"等品种。

　　在没有纹带花纹的"玉髓"中，也有不少是玉石原料。根据颜色的不同，有"红玉髓""绿玉髓""葱绿玉髓""血玉髓"和"碧玉"等。

　　如明代玛瑙单螭耳杯，高6.8厘米，口径9厘米。杯为花玛瑙质地，灰白色玛瑙中有黄褐色斑纹。器为不规则圆形，一侧凸雕一螭龙为杯柄，螭的双前肢及嘴均搭于杯的口沿上，下肢及尾部与器外壁浅浮雕的桃花枝叶相互连接缠绕并形成器足。

　　底部琢阴线"乾隆年制"4字隶书款。此玛瑙杯的形制为明代的制式，雕琢技法为明代琢玉技法，款识应为清乾隆年间后刻。

清代的前期，雍正勤政喜读，制作了3方随身玛瑙玺。

清代雍正玛瑙"抑斋"玺，龟纽长方形玺。篆书"抑斋"。面宽1.3厘米，长1.6厘米，通高1.6厘米，纽高0.9厘米。

清代雍正玛瑙"菑畲经训"玺，螭纽方形玺。篆书"菑畲经训"。面1.8厘米见方，通高1.6厘米，纽高0.9厘米

清代雍正玛瑙"半榻琴书"玺，螭纽方形玺。篆书"半榻琴书"。面1.7厘米见方，通高1.7厘米，纽高1.2厘米。

知识点滴

世界上玛瑙著名产地有：中国、印度、巴西、美国、埃及、澳大利亚、墨西哥等国。

由于古代玛瑙能使人隐身的传说，使玛瑙几千年来备受人们的推崇和爱戴。因为玛瑙美丽的外表和坚韧的质地，人们把作成装饰品和实用品。

玛瑙具有治疗失眠、甜梦沉寝、避祸除邪、健体强身、延年益寿之功效，人们对此深信不疑。

据说身上经常发热、发烫，包括手汗、手热者，可以长期接触玛瑙来改善症状；个性孤傲、冷僻、不合群却又孤芳自赏、揽镜自怜者，最适宜佩戴水草玛瑙，佩戴后激发其热情。

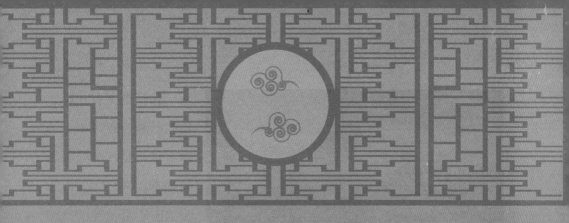

灵光跃动——猫眼石

猫眼石又称"猫儿眼""猫睛""猫精"，或称东方猫眼，是珠宝中稀有而名贵的品种。由于猫眼石表现出的光现象与猫的眼睛一样，灵活明亮，能够随着光线的强弱而变化，因此而得名。

猫眼石常被人们称为"高贵的宝石"。

传说古代一座名叫白胡山的山中，居住着一位喜欢养猫的老人，老人与一只老猫相依为命，猫死后，老人很伤心。后来，猫托梦给老人，说它的眼睛很有用处，让老人处理。

老人去掘出猫来观看，只见猫的眼睛坚硬如珠，中间还有一条亮带，很美丽。于是，老人将一只猫眼埋入了白胡山中，另外一只，老人吃了之后因此成仙，山中后来以产猫眼宝石而著名。

和其他宝石一样，猫眼石越大越难得，因而重量仍是评价猫眼石的基本要素之一。但影响猫眼石最重要的是颜色、眼线的情况和均匀程度等。

猫眼石的最佳颜色是极强的淡黄绿色、棕黄色和蜜黄色，其次是绿色，再次是略深的棕色。很白的黄色和很白的绿色，价值就更低一些。最差的是杂色和灰色。

最好的猫眼石眼线应该较为狭窄，界线清晰，并显活光，并且要位于宝石的正中央。关于眼线的颜色，有人喜欢银白的颜色，而有人则偏爱金黄色，而绿色和蓝白色的线较为受冷落。

体色呈不透明的灰色者，常常有蓝色或蓝灰色的眼线。不过，无论什么颜色，重要的是眼线必须与背景形成对照，要显得干净利落。眼要能张很大，越大越好，而合起来时就要锐利。

关于猫眼石，还有一个更加凄绝的故事：

很久以前，山里住着一只狸猫，过着自在的生活。有一天，猫公主在众星捧月般的拥护下出外游玩，和狸猫一见钟情，猫国王宣称要把猫公主嫁到外国，狸猫苦苦哀求。

猫国王狠狠地说："如果你能在3天里给猫公主一枚猫眼石，我就把她嫁给你！"

狸猫听后，马上动身去找猫巫婆，走了一天一夜，在森林的深处一棵巨大的老树上找到了猫巫婆的家。

猫巫婆听了狸猫的请求，奸笑着用阴森的声音说："喝了我配置的药水，你的眼睛都会变成猫眼石，我会挖出你的双眼，那将是两枚举世无双价值连城的宝石。这个过程中你要忍受巨大的痛楚，你还得答应留下一枚作为我的酬劳。挖出你的双眼后，我会给你的眼睛装上两枚普通的石子，它会给你9天的光明，而后你将成为瞎子，虚弱不堪，也不会再有9条命。"

3天以后，狸猫拿了一枚猫眼石献给国王，猫国王从来没见过这么精美的石头，他恶狠狠地说："你这么贫穷哪里来的名贵宝石？"

他命令手下打断狸猫的腿，扔了出去。

猫公主拿着那枚精美的猫眼石嫁到了外国，晚上她转动宝石，在月光下狸猫的眼睛非常明亮，一睁一闭，如同过去一样正痴痴地看着她。

从此猫公主每夜拿着那枚猫眼石，在有月亮的晚上蹲在屋檐上，呼唤有情人的名字……

因此古老相传，天下的猫眼石，都是痴情猫的眼睛变化而来，里面有一颗真诚的心，只要有情的人得到它，它就会睁开转动的眼睛，一睁一闭，向你诉说古老的爱情传说。

我国古代将猫眼石称为"狮负"，关于"狮负"这一称谓，有这样一段来历：

大约在元代，中国人认为猫眼石与猫有关，但不能科学地认识"猫眼效应"，而是认为猫眼石与猫儿死后埋于深山化为猫睛有关。

对此，元代伊世珍的《琅嬛记》中有详细记载：埋在深山里的猫化为两只猫睛之后，如果被吞食，就会产生神力，一头像狮子一样的猫就会将吞食猫睛者背负起来，腾空而去。所以这里的"猫睛"又称为"狮负"。

《琅嬛记》中说："仙女上玄宗狮负两枚，藏于牡丹钿盒中以验时云……"表明唐玄宗李隆基并不满足只当皇帝，还想做神仙，而且仙女献给了唐玄宗两枚"狮负"，即猫眼石。

自唐至清，我国史书上屡有"猫眼"记述。张邦荃《墨庄漫录》，记载宋徽宗宣和年间"外夷贡方物，有石圆如龙眼，色若绿葡萄，号猫儿眼"。

元代猫眼石见于陶宗仪《辍耕录》"走水石似猫眼而无光"。并说猫眼石以其罕见的丝状光泽和锐利的"眼"，在莹润中透着智慧和无穷的灵性，被历代皇室宠爱，古有"礼冠须猫眼"之说。

至明代记载渐多，《明史·食货记》载猫儿眼、祖母绿、金绿宝石，嘉靖皇帝无所不购。

如明朝万历皇帝朱翊钧的北京市昌平区定陵，其中有一枚非常漂亮而硕大的猫眼石，直径达1.5寸，雕琢成祭坛的形状，顶部有一只火把。

清代在康熙年间所著的《坤舆图说》记载："印第亚之南有一南岛，江河生猫眼、昔泥红等。"

为了充分地利用原石，加工工匠常常把猫眼石的底留得很厚，以致难以合理地镶嵌。留得厚的目的是增加重量，多卖钱。

而结果适得其反，做工不匀称严重影响猫眼的美观，无人开高价。正确的做法是在宝石的腰线以下，保留适当的厚度，并磨成小弧面即可。要保持较低的角度，这样才有利于使宝石牢固地镶在托上。

据记载，清康熙年间皇宫里一共有3枚猫眼石，康熙把其中一枚给了次女，有如下因素：

其一，次女从小聪明伶俐，对父母体贴入微，当康熙得病时她照看次数最多、看守时间最长，而且看护得十分得体，深得父皇的喜爱；其二，康熙对长得漂亮又知书达理的二女儿下嫁巴林真有点舍不得，但一想边疆长治久安、国家一统也只有这样

了，于是把珍爱的猫眼石送给了心有所愧的爱女。

于是，康熙如花似玉的19岁的爱女固伦荣宪公主，在数百位达官和240户陪房的簇拥下，于1691年六月渡过西拉沐沦河，下嫁给巴林右旗扎萨克乌尔衮郡王。

固伦荣宪公主对父皇给她的那颗猫眼石一直爱不释手，56岁去世后，这颗猫眼石与她一起入墓陪葬。

清东陵乾隆墓中，发现大量随葬珍宝，其中有几枚猫眼石。可见乾隆皇帝对猫眼石之珍爱。

另外，清宫珍宝馆里金塔顶上，也镶嵌有猫眼石，随着观看角度的不同，猫眼中闪烁着神秘的光芒。

知识点滴

其实，"猫眼"并不是宝石的名称，而是某些宝石上呈现的一种光学现象。即磨成半球形的宝石用强光照射时，表面会出现一条细窄明亮的反光，叫作"猫眼闪光"或"猫眼活光"，然后根据宝石是什么来命名。

如果宝石是石英，就叫"石英猫眼"，如果是金绿宝石，则叫"金绿猫眼"。可能具有猫眼闪光的宝石种类很多，据统计多达30种，市场上较常见的除石英猫眼和金绿猫眼外，主要还有"辉石猫眼""海蓝宝石猫眼"等。由于金绿猫眼最为著名也最珍贵，习惯上它也简称为"猫眼"，其他猫眼则不可这样称呼。

西施化身——珍珠

早在远古时期，原始人类在海边觅食时，就发现了具有彩色晕光的洁白珍珠，并被它的晶莹瑰丽所吸引，从那时起珍珠就成了人们喜爱的饰物。珍珠被人类利用已有数千年的历史，传说中，珍珠是由鱼公主泪水化成的。

传说白龙村有个青年叫四海，英武神勇。一天，四海下海采珠，忽然狂风大作，他只得弃船跳海，在冰冷的深海里，四海遇到了海怪的侵袭，靠着一身胆量和不凡的身手，四海打跑了海怪，但因用力过度，四海也伤疲地昏迷在汹涌的海水中。

等到四海醒来时，他发现，自己竟躺在龙王宫的一张水晶床上，美丽的人鱼公主正

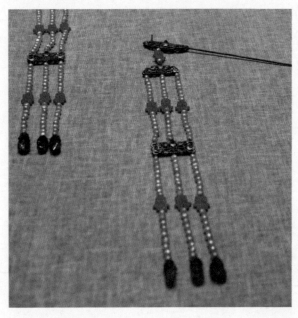

在温柔地替他疗伤。鱼公主敬佩他的勇毅，故此拯救。

四海在公主无微不至的照料下，伤势很快痊愈了。公主天天伴着四海，寸步不离，食必珍馐，衣必鲜洁。公主不说何时送客，四海也不提何时离去。

相处既久，爱意渐浓。公主愿随四海降落凡间，于是一对恋人，同回白龙村。乡亲们既庆幸四海大难不死，更艳羡他娶到美丽的妻子，热烈地庆贺了一番。

鱼公主也是入乡随俗，尽弃屠华，素衣粗食，操持家务井然有序，手织绡帛质柔色艳，远近闻名。

白龙村有一恶霸，对鱼公主的美艳早已是垂涎三尺，他想方设法勾结官府，以莫须有的罪名，加害四海，强夺公主以抵罪 。

四海奋力夺妻，力竭被缚，铁骨铮铮的男儿，就这样惨死在恶霸的杖棒之下。

眼睁睁看着夫君死去，公主失望于人间黑暗，施法逃回水府。为悼念丈夫，公主每年在明月波平之夜，在岛礁上面向白龙村痛哭，眼泪串串掉入海中，被珠贝们接住，孕胎成晶亮的珍珠。

不仅如此，传说中，更把珍珠与西施联系起来。传说珍珠是西施的化身：嫦娥仙子曾有一颗闪闪发光的大明珠，十分逗人喜爱，常常捧在掌中把玩，平时则命五彩金鸡日夜守护，唯恐丢失。

而金鸡也久有把玩明珠的欲望，趁嫦娥不备，偷偷玩赏，将明珠抛上抛下，煞是好玩。一不小心，明珠滚落，直坠人间。金鸡大惊失色，随之向人间追去。

嫦娥得知此事后，急命玉兔追赶金鸡。玉兔穿过九天云彩，直追至浙江诸暨浦阳江上空。

这一天，浦阳江边一农家妇女正在浣纱，忽见水中有颗光彩耀眼的明珠，忙伸手去捞，明珠却径直飞入她的口中，钻进腹内。这女子从此有了身孕。

一晃16个月过去了，女子只觉得腹痛难忍，但就是不能分娩，急得她的丈夫跪地祷告上苍。

忽然一天只见五彩金鸡从天而降，停在屋顶，顿时屋内珠光万道。这时，只听"哇"的一声，女子生下一个光华美丽的女孩，取名

为"西施"。故有"尝母浴帛于溪，明珠射体而孕"之说。

美丽的西施曾经住在山下湖的白塔湖畔。

一天一位衣衫褴褛的白胡子老爷爷路过西施的家门口，西施看着老爷爷饥寒交迫的样子，连忙把他请进屋里，给他端茶上饭，并帮他把全身上下洗了个干净。

白胡子老爷爷看着西施这么热情地招待他，激动地说："姑娘，你可真是个大好人，我一定会好好报答你的。"

日子过得很快，转眼过了两个月。

有一天夜里，西施刚睡下不久，忽然一道金光闪来，一个白胡子老爷爷出现在西施的面前，西施看得出了神。

白胡子老爷爷说："我的好孩子，不用怕，我就是被你相救的老爷爷，为了报答你的恩情，今天我特意带上了一些珠宝，请你收下吧！"

西施看着这些美丽的珍珠，颗颗都闪着璀璨的光芒，可她想：救人做好事是应该的，怎么能收下这些这么贵重的东西呢？要是能从老爷爷那里得到养蚌育珠的技术，那该多好啊！我们的百姓将会过上富裕的生活。

于是她对老爷爷说："爷爷，我不能收下你这么贵重的礼物，如果你真想表示谢意的话，那么请你把养蚌育珠的技术传授给我吧。"

老爷爷听了犹豫了一下说："那好吧，如果你能回答出这个问题，我就把养蚌技术传授给你，你听着：我有3只金碗。我把第一只金碗里的一半珍珠给我的大儿子；第二只金碗里三分之一的珍珠给我的二儿子；第三只金碗里的四分之一给我的小儿子。"

"然后，我又把第一只碗里剩下的珍珠给大女儿4颗；第二只碗里挑6颗给二女儿；从第三只碗里拿两颗给小女儿。这样一来，我的第一只碗里就剩下 38 颗珍珠，第二只碗里就只剩下 12 颗珍珠，第三只碗里还剩下 19 颗。你来告诉我，这3只金碗里各有多少颗珍珠？"

听了老爷爷的难题，西施想了想，然后拿着树枝在地上算了起来。一会儿工夫，她站起来说："爷爷你听着，第三只碗里原来有珍珠 28 颗。

白胡子老爷爷听了西施的解答，惊愕而又钦佩地说："美丽的西施姑娘，你果真是名不虚传，不但心地善良，而且天资聪颖，我一定会实现我的诺言。"

于是老爷爷就把养蚌育珠的本领传授给了西施。西施凭着自己的勤劳和智慧，很快就学会了本领。她还把这个育珠本领传授给当地的

老百姓，让老百姓们养蚌育珠，致富发家。

传说里，珍珠始终与美是联系在一起的。历代帝王都崇尚珍珠，早在4000多年前，珍珠就被列为贡品。相传黄帝时已发现产珍珠的黑蚌。《海史·后记》记载，夏禹定各地的贡品："东海鱼须鱼目，南海鱼革现珠大贝。"商朝也有类似的文字记载。

在西周时期，周文王就用珍珠装饰发髻，应该是已知有文字记载的最早头饰。

春秋战国时期，我们的祖先便用珍珠作为饰品，同时还出现了以贩卖珍珠为业的商人。据考证汉代的海南已盛产珍珠，有"珍珠崖郡"之说，并开始开发利用广西合浦的珍珠。并有真朱、蚌珠、珠子、濂珠等称呼。

从此，我国的天然淡水珍珠主要产于海南诸岛。珍珠有白色系、红色系、黄色系、深色系和杂色系5种，多数不透明。珍珠的形态以正圆形为最好，古时候，人们把天然正圆形的珍珠称为"走盘珠"。

珍珠的形状多种多样，有圆形、梨形、蛋形、泪滴形、纽扣形和任意形，其中以圆形为佳。非均质体。颜色有白色、粉红色、淡黄色、淡绿色、淡蓝色、褐色、淡紫色、黑色等，以白色为主。白色条痕。具典型的珍珠光泽，光泽柔和且带有虹晕色彩。

《海药本草》称珍珠为"真珠"，意指珠质至纯至真的药效功用。《尔雅》把珠与玉并誉为"西方之美者"。《庄子》有"千金之珠"的说法。

在我国灿烂辉煌的古代历史上，有两件齐名天下、为历代帝王所必争的宝物，那就是和氏之璧与隋侯之珠。《韩非子》中关于这两件宝物有详尽的记载："和氏之璧，不饰以五彩；隋侯之珠，不饰以银黄，其质其美，物不足以饰。"

秦昭王时把珠与玉并列为"器饰宝藏"之首。可见珍珠在古代便有了连城之价。

从秦朝起，珍珠已成为朝廷达官贵人的奢侈品，皇帝已开始接受献珠，帝皇冠冕衮服上的宝珠，后妃簪珥的垂珰，都是权威至上，尊贵无比的象征。

秦始皇自从统一天下开始，就在骊山为自己营造陵墓，他在墓中用珍珠嵌成日月星辰，用水银造成江河湖海。

汉武帝建光明殿时，"皆金玉珠玑为帘箔，处处明月珠，金陛玉阶，昼夜光明"。

用珍珠饰鞋，可见于西汉司马迁的《史记》。《史记》记载，"春申

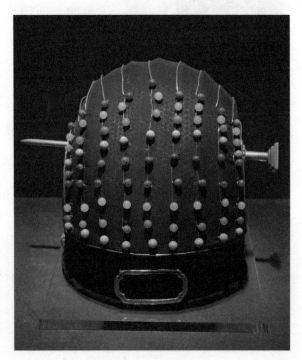

君客三千人，其上客皆蹑珠履"；《战国策》也记载："春申君上客三千，皆蹑珠履。"另外，《晏子春秋》记载："景公为履，黄金之綦，饰以银，连以珠。"

东汉桂阳太守文砮向汉顺帝"献珠求媚"，西汉的皇族诸侯也广泛使用珍珠，珍珠成为尊贵的象征。

汉武帝的臣子董偃在幼年时即与其母以贩卖珍珠为业，13岁时入汉武帝姑姑陶公主之家，后因能掌识珍珠而被汉武帝重用。

佛教传入我国之后，据《法华经》《阿弥陀经》等记载，珍珠更成为了"佛家七宝"之一。

在南北朝时期，我国就已经成功地培育出了蚌佛，即将小菩萨、寿星等佛像置于贝的壳与外套膜之间，经过一段时间，佛像的表面便覆盖了珍珠层，这是最早的养珠技术。

三国之初，曹操占据江北，刘备称帝于蜀，孙权稳坐江东，三足成鼎立之势。当时生产淡水珍珠的吴越一带和采捕海水珍珠的南海等地，均为东吴属地。

孙权深知魏蜀都垂涎东吴的珍珠，即位之初，便下令严加保护："今天下未定，民物劳瘁，而且有功者未录，饥寒者未恤……禁进献御，诚官膳……虑百姓私散好珠。"

孙权不但要求王室禁用珍珠，还封存

了民间的珍珠采捕和交易，这为孙权的珍珠外交提供了物质可能。

权衡天下形势，孙权很快确立了"深绝蜀而专事魏"的权宜之计，远交近攻，讨好曹魏，对付蜀汉。于是，当曹丕使臣前来索取霍头香、大具、珍珠等东吴特产时，孙权一概力排众议："方有事西北，彼所要求者，于我瓦石耳，孤何惜焉！"通通满足对方要求。

其后，曹魏又遣使南下，与东吴洽谈以北方战马换取南方珍珠事宜，孙权更是求之不得：

"皆孤所不用，何苦不听其交易。"从此，魏吴贸易日盛。珍珠外交，为东吴赢得了难得的和平发展机遇。

隋朝时，宫人戴一种名叫"通天叫"的帽子，上面插着琵琶钿，垂着珍珠。古诗里"昨日官家清宴里，御罗清帽插珠花"，指的就是这样的帽子。

唐代白居易也在《长恨歌》里写道："花钿委地无人收，翠翘金雀玉搔头。"

公元640年，藏族祖先吐蕃人的杰出首领松赞干布，令大相禄东赞带着5000两黄金，数百珍宝前往长安求婚。唐太宗答应将皇室女儿文成公主许配给松赞干布。

不过，传说李世民许嫁之前曾五难婚使，其中一难便是要禄东赞将丝线穿过九曲珍珠。结果，这一难也未难倒聪明的禄东赞，他把蜂蜜涂在引线上，用蚂蚁牵引丝线穿过珍珠，便顺利过了这一关。

《古今图书集成》所收东坡集注中曾有记载："有人得九曲宝珠，穿之不得，孔子教以涂脂于线，使蚁返之。"两事相隔千年，只能说博古通今的禄东赞乃饱学之士，松赞干布遣使禄东赞，可谓慧眼识珠。

唐代诗人李商隐的《锦瑟》中说道："沧海月明珠有泪，蓝田日暖玉生烟"，更成为吟咏珍珠的名句。而白居易更用"大珠小珠落玉盘"来形容琵琶女演奏技艺之高超。

李白在《寄韦南陵冰》一诗中也写道："堂上三千珠履客，瓮中百斛金陵春"，用来描述当时用珍珠来装饰鞋子。

珍珠是佛门的法器之一，它同金、银、珊瑚、玛瑙、琥珀、琉璃被称为"佛之七宝"。七宝阿育王塔大体上是以七宝做成的"微型宝塔"，以放置供奉的舍利。

而七宝更被用来供奉菩萨，每当有重大的水陆法会时，寺庙要建起七宝池、八功德水来表示虔诚。

如南京大报恩寺七宝鎏金阿育王塔，体形硕大的宝塔金光闪闪，周身镶嵌着珍珠宝石，塔上遍布佛教故事浮雕，宝塔内瘞藏的就是佛教界的最高圣物"佛顶真骨"。

七宝阿育王塔塔身图案塔座、塔身和山花蕉叶上，每隔几厘米就镶嵌着珍珠等各种珠宝，晶莹剔透，其中仅珍珠就有上百颗。

宋代已开始人工养殖珍珠，并将其养珠法传到了日本；宋代对珍珠的利用也史无前例，如在江苏省苏州发现的

北宋珍珠舍利宝幢高达1.22米，其中的珍珠多达3.2万颗。

珍珠舍利宝幢是用珍珠等七宝连缀起来的一个存放舍利的容器。宝幢发现之初被放置于两层木函之中。主体部分由楠木制成，自下而上共分为三个部分：须弥座、佛宫以及塔刹。

波涛汹涌的海浪中托起一根海涌柱，上面即为须弥山。一条银丝鎏金串珠九头龙盘绕于海涌柱，传说是龙王的象征，掌管人间的旱和涝。

护法天神中间所护卫的，即为宝幢的主体部分佛宫。佛宫中心为碧地金书八角形经幢，经幢中空，内置两张雕版印大随求陀罗尼经咒，以及一只浅青色葫芦形小瓶，瓶内供奉有9颗舍利子。

华盖上方即为塔刹部分，以银丝编织而成的八条空心小龙为脊，做昂首俯冲状，代表着八大龙王。

塔刹顶部有一颗大水晶球，四周饰有银丝火焰光环，寓意为"佛光普照"。至此整座宝幢被装扮得璀璨夺目，令人流连忘返。

珍珠舍利宝幢造型之优美、选材之名贵、工艺之精巧都是举世罕见的。制作者根据佛教中所说的世间"七宝"，选取名贵的水晶、玛瑙、琥珀、珍珠、檀香木、金、银等材料，运用了玉石雕刻、金银丝编制、金银皮雕刻、檀香木雕、水晶雕、漆雕、描金、穿珠、古彩绘等10多种特种工艺技法精心制作。可谓巧夺天工，精美绝世。

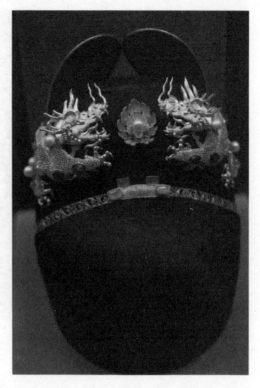

整个珍珠舍利宝幢用于装饰的珍珠差不多有4万颗；塔上17尊檀香木雕的神像更见功力，每尊佛像高不足10厘米，雕刻难度极大；然而，天王的威严神态，天女的婀娜多姿，力士的嗔怒神情，佛祖的静穆庄严，均被雕刻得出神入化。

从珍珠舍利宝幢身上，人们可见五代、北宋时期苏州工艺美术的繁荣和精美，同时也可见五代、北宋时期吴人高度的审美水准和丰富的文化内涵。

至明弘治年间，我国珍珠最高年产量约2.8万两，除供皇室及达官、富豪享用外，也曾进入国际市场。珍珠主要是官采官用，对老百姓中采珠用珠者限制甚严。

明代十三陵是明代13个帝后的坟墓，其中定陵是明神宗的陵墓，定陵中还发现了4顶皇后戴的龙凤冠，用黄金、翡翠、珍珠和宝石编织而成，其中一顶镶嵌着3500颗珍珠和各色宝石195枚。

那凤冠，正面缀有4朵牡丹花，是以珍珠宝石配成的，左、右各有一凤凰，凤羽是用翠鸟羽毛制成的。

冠顶，用翠羽做成一片片云彩，云上饰3条金龙，是用金丝掐成的。中间的金龙口衔一珠，硕大晶莹，世间少见。左、右两龙口衔珠串，状若滴涎，名称"珠滴"。

珠滴长可垂肩，间饰六角珠花，名称"华胜"。冠口饰有珍珠宝钿花一圈，名称"翠口圈"。口沿又饰有托里的金口圈。冠后，附有翅状饰，名称"博鬓"。

每侧3条，又称"三博鬓"。

清承明制，官府继续控制珍珠的开发和使用，并以高价收购。清代皇后的夏朝冠、后妃头上的钿口、面簪、帽罩、头簪等首饰，上面都有珍珠。

刘銮在《五石瓠》中说道："明朝皇后一珠冠，费资60万金，珠之大者每枚金8分。"

珍珠头饰一直是后宫佳丽、公子王孙们的最爱。清代《大清会典》记载：皇帝的朝冠上有22颗大东珠，皇帝、皇后、皇太后、皇贵妃及妃嫔以至文官五品、武官四品以上官员皆可穿朝服、戴朝珠，只有皇帝、皇后、皇太后才能佩戴东珠朝珠。

东珠朝珠由108颗东珠串成，体现封建社会最高统治者的尊贵形象。皇帝的礼服，上面挂着数串垂在胸前的装饰朝珠，每挂用珠108颗。按照当时的规制，皇子和其他贵族官员在穿着朝服和吉服时，也挂珍珠，但不能用东珠。

用珍珠装饰服装的典型则是乾隆的龙袍。龙袍在石青色的缎面上有着五彩刺绣，尔后用米珠、珊瑚串成龙、蝠、鹤等花纹，极其华贵。如清代掐丝银鎏金珍珠蜜蜡簪，此簪包括米珠在内的都是纯天然野生的南海珍珠，呈现着靓丽青春的藕粉色。在一颗直径不足1毫米，比小米还小的珠子上要打眼穿线组合，在当时也确是鬼斧神工了！

1628年，有一颗采于波斯湾海域的特大珍珠，长10厘米，宽6~7厘米，重121克。在其发现的一个世纪后，被送给了乾隆皇帝。1799年乾隆皇帝驾崩后，此珍珠作为陪葬品被埋入地下。1900年乾隆墓被盗，此珍珠即下落不明。

我国历代皇室使用珍珠最多者还是要推清朝末年的慈禧太后，据说，在她的一件寿袍上，共绣有数十个寿字，每个寿字中缀着一颗巨型珍珠，远近观之，真正是璀璨夺目，巧夺天工。

慈禧太后的凤鞋上，虽然到处都是珍宝，但慈禧太后最爱的，仍然是珍珠。据记载，慈禧太后认为，珍珠是最适于凤鞋的饰物。因

而，不管哪一双凤鞋，她都要让人镶上珍珠，最多的鞋面上据说镶有珍珠近400颗，绣成各种纹案，庸荣华贵。

而且，在慈禧太后的殉葬物中有大小珍珠约3.3064万颗，其中的金丝珠被上镶有8分的大珠100颗、3分的珠304颗、6厘的珠1200颗、米粒珠1.05万颗等。

据《爱月轩笔记》记载，慈禧太后死后棺里铺垫的金丝锦褥上镶嵌的珍珠就有1.2604万颗，其上盖的丝褥上铺有一钱重的珍珠2400颗；遗体头戴的珍珠凤冠顶上镶嵌的一颗珍珠重达4两，大如鸡卵，而棺中铺垫的珍珠尚有几千颗，仅遗体上的一张珍珠网被就有珍珠6000颗。

古人把珍珠的品级，定得十分苛细烦琐，以致在清初已"莫能尽辨"了。《南越志》说珠有九品，直径几厘米的为"大品"。一边扁平，一边像倒置铁锅即覆釜形的为"珰殊"，也属珍品。把走珠、滑珠算是等外品。

知识点滴

珍珠作为古人眼中的珍宝，被写入历代文学作品中。

如《战国策·秦策五》："君之府藏珍珠宝石"；唐代李咸用《富贵曲》诗："珍珠索得龙宫贫，膏腴刮下苍生背"；明代宋应星《天工开物·珠玉》："凡珍珠必产蚌腹……经年最久，乃为至宝"；元代马致远《小桃红·四公子宅赋·夏》曲："映帘十二挂珍珠，燕子时来去。"

清代陈维崧《醉花阴·重阳和漱玉韵》词："今夜是重阳，不卷珍珠，阵阵西风透。"